パンの科学

しあわせな香りと食感の秘密

吉野精一　著

ブルーバックス

カバー装幀　芦澤泰偉・児崎雅淑
カバー写真　アフロ
本文デザイン　齋藤ひさの（STUDIO BEAT）
本文図版　さくら工芸社
本文イラスト　梶原綾華

はじめに

パン屋さんの前を通ると、「幸せを呼ぶパンの香り」につられて、魅せられたようについふらふらと店内へ足が向いてしまいます。店内に入ると香ばしい香り、甘い香りなど、そこは芳香豊かなパンの香りで満たされています。パン棚に目をやると、「手に取りたくなるパンの焼き色」に誘われて、あれもこれもとパンをトレイの上に置いてしまいます。鮮やかな光沢につつまれたきつね色や金色のパン、深く慈愛に満ちた茶褐色のパンなどがトレイの上に集います。そして職場や自宅に戻れば、待ちきれず、すぐにふわふわの菓子パンをムシャムシャと、噛みごたえのあるパリッとしたバゲットをダイナミックに丸かじりといった調子。最後には「あー満足、美味しかった！」と舌鼓をうち鳴らす、これがパンのもつ魅力です。

本書では、これらの「パンの魅力」が生まれる科学的な秘密を解説します。原料の特性から製法・工程と順を追って解説を加えました。

第1章、第2章では、パンとは何か、どんな風に生まれたか、概要と歴史に軽く触れます。パン作りとは、目的とするパンの製法・配合を決定して、原料・材料を選定することからはじまります。これを第3章の「パンの材料を科学する」で科学的に少し掘り下げます。

第4章では、さまざまある製造工程のなかから、代表的なものを紹介し、どんなプロセスを経てパンができるのかを紹介します。

第5章では発酵という素晴らしい人類の発見を科学しながら、それぞれの製造工程で何がおこっているかを解説します。製造工程は、生地ミキシング（パン生地の誕生）――発酵と中間作業（パン生地の育成）――焼成（パン誕生）の三つに大別されて、それぞれに重要な役割を担います。まず、目的とするパンの個性に適したパン生地の作製、次に生地発酵のコントロール、最後に適切な温度と時間で焼成しなければなりません。ここでいう「目的とするパン」とは、想定される最終製品における「官能（五感）を満たすに十分な状態のパン」のことです。そしてそこに到達するには、いくつものプロセスのなかで「これはこうしなければならない」とか「これはこうした方がいい」というものを実行すること。そしてその根幹となるのが、まさに「パンの科学」というわけです。

第6章では、パンをより楽しんでいただけるよう、科学を絡めて美味しく食べるコツをお伝えします。第7章、第8章はよもやま話を盛り込み、世界のパンを数多く紹介しました。読み物として楽しんでいただければ幸いです。

もとより「パンの科学」は「美味しいパンを多く製造する」ために研究・開発された分野ですが、これはパンに限ったことではなく、あらゆる食品加工や食品産業に当てはまります。人間のもつ本能的な欲求がそこにある限り、人間の官能的な部分にまで科学が浸潤します。ゆえに「パンの科学」も人類が存在する限り、永遠に進化しつづけます。本書においてもパンの「焼き色」、「香味・風味」そして「食感と味」についてある程度の分析結果をお伝えします。しかしながら、先端科学において解明されていることも「9割方のある程度」の域は超えず、計り知れない未知の部分は存在します。

今日、あらゆる「科学と技術」は進化の速度を速めています。「パンの科学」の分野においても、新たな局面を迎える日が訪れると予感します。筆者としては、どのような展開を見せるのか、想像を超えていくのではないかと、期待感をもって今後も研究に関わりながら、見守っていきたいと思っています。

筆者しるす

もくじ　パンの科学

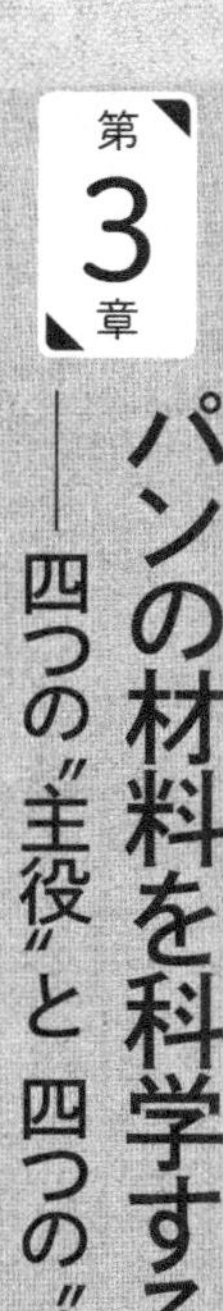

第3章 パンの材料を科学する

——四つの〝主役〟と四つの〝脇役〟

●四つの主役

◉四つの脇役

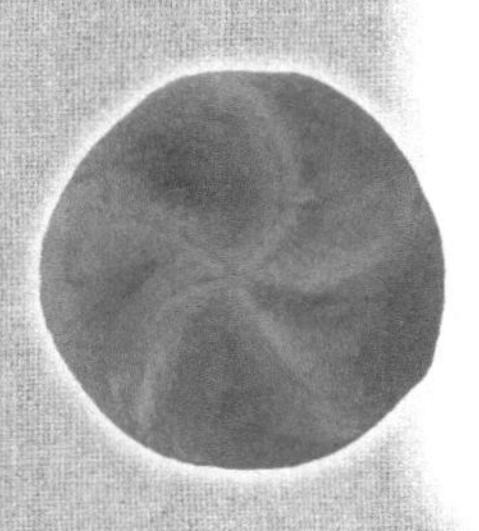

第6章　パンの美味しさを生む科学　183

第7章

パンのよもやま話

1 パンの基礎知識

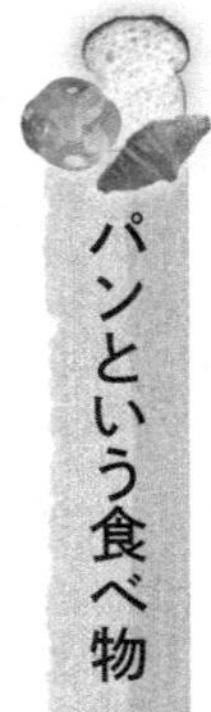

パンという食べ物

街には美味しいパン屋さんが増えました。パンの話をすれば盛り上がりますし、値段が高くてもお店が遠くても、美味しいパンを求めて買いに行く人もけっこういるようです。美味しそうなパンの香りに誘われてついパン屋に入ってしまう、という話もよく耳にします。街の小さなパン屋さん、いわゆる「リテイルベーカリー」も、独自の工夫をこらして美味しいパンを焼いています。家庭用のホームベーカリーの売れ行きも増えているようです。そんなにも人を虜にする「パン」とはなんなのでしょう。理由はいろいろあると思いますが、私はパンの科学という視点からその魅力を知って、パンをもっと美味しく楽しんでほしいと思っています。

「パンとはなんですか?」

そう聞かれたら、どう答えるのが正解でしょうか。これはけっこう難しい問題で、広義における学術上の定義は「小麦ならびに穀物の粉を主原料として他の原料と混ぜ合わせて生地を作り、それらを最終的に加熱した加工食品」となります。なんとも味気ない定義となり、その意味も「ふうーん」で終わってしまいます。そこで現在、われわれが日々食しているパンについて少し詳しく定義してみましょう。するとこのようになります。「多くは小麦粉を主原料とし、それに水、塩、イーストの基本材料とその他の副材料（砂糖、油脂、卵、乳製品など）を混ぜ合わせてパン生地を作る。次にイーストのアルコール発酵によって生成される炭酸ガスを利用してパン生地を膨張させる。それらの生地を分割・成形した後、最終発酵を経て加熱（焼く、蒸す、揚げるなど）によってパンに加工すること」となります。

以下、定義上のキーワード、主原料と加工について、簡単な解説を加えてみましょう。

まず、主原料である小麦についてです。ご存じのように穀物の一種ですが、その他の穀物にはどのようなものがあるでしょうか？　これはけっこう意見の分かれるところで、狭義においては小麦、大麦、トウモロコシ、カラス麦、ライ麦、ライ小麦（ライ麦と小麦との掛け合わせ）、デュラム小麦、イネ、ソバの９種類となっています。これらはＡＡＣＣＩ（アメリカ穀物科学学会インターナショナル）やＩＣＣ（国際穀物学会）などでは主流の考え方で、ソバ（タデ科）以外はイネ科の一年草の種子です。広義においての解釈はさまざまで国内外の栄養学や食品学上の定義ではアワ、ヒエ、キビなどイネ科の雑穀まで認定されている場合もあれば、もっと拡大解釈してヒユ科の雑穀（キヌア、アマランサスなど）や豆類（大豆、小豆、インゲン豆など）も含まれる場合もあります。いずれにせよ大事な点は、穀物にはそれらの種子や豆などの胚乳と子葉の部分に人間にとって重要な三大栄養素（タンパク質、脂質、糖質）の一つであるデンプン（糖質）が多く含まれているものが多いことです。いろいろな食品の形で摂取されたデンプンは体内で代謝した後にグリコーゲンとして肝臓や骨格筋に貯蔵されて、人が生活するのに必要なエネルギー源となります。人を電車や車にたとえれば、さしずめグリコーゲンは電気やガソリンのようなものでしょう。

次に加工とは？ これは原料や製法そして製造工程によってさまざまに区分・分類されますが、パンは小麦粉や穀物粉の「粉体加工」食品となります。その中でも代表的な製法によるパンの種類が二つ。

一つは歴史的に最も古く、かつ現代でも食されている最もシンプルなパン。これらは小麦粉や穀物粉に水と塩を加えて柔らかい生地を作り、その生地を少し休ませてから、薄く円に延ばしてカマドの内側に張り付けて高温で焼く「無発酵パン」です。

もう一つは近代パン製法の元祖となる20世紀以降のパン。基本材料（小麦粉、水、塩、イースト）にその他の副材料（糖類、油脂、卵、乳製品など）を加えてパン生地をこね上げます。次に、こね上げたパン生地を、イーストのアルコール発酵によって生成されるエタノール（パンの風味の酛（もと））と、炭酸ガス（パンの膨張源）をコントロールして、適度に発酵させます。そのパン生地を焼くことで芳香豊かなふっくらとした「発酵パン」ができます。

単位：百万t

品目	生産量		需要量		期末在庫量		期末在庫率(%)	
		対前年増減率(%)		対前年増減率(%)		対前年増減率(%)		対前年増減差
小麦	724.76	1.1	714.53	1.2	197.71	6.0	27.7	1.3
とうもろこし	989.66	0.1	976.52	2.4	185.28	8.5	19.0	1.1
米	474.86	−0.4	483.68	0.7	97.64	−8.8	20.2	−2.1
大豆	315.06	11.1	288.50	5.7	89.53	35.0	31.0	6.7

資料：USA「World Agricultural Supply and Demand Estimates」（平成27（2015）年3月末現在）

表1-1　世界の主な穀物の生産量と消費量

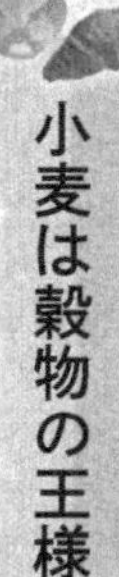

小麦は穀物の王様

世界の三大穀物といえば小麦、米、トウモロコシですが、世界総生産量はトウモロコシ9・9億トン、小麦7・2億トン、米4・7億トンの順になります（表1－1）。

加工形態ですが、米は圧倒的に粒食が多く、次にトウモロコシは粒食と粉食併用、最後に小麦はほとんどが粉食でさまざまな形態で粉体加工されています。たとえばパンにはじまり麺類（うどん、パスタ、中華麺）、菓子類、スナック類と数えればきりがありません。では、なぜ小麦がこれほど世界各地でいろいろな食品に加工されるようになったのでしょうか？　これは小麦だけがもついくつかの特性によります。

第1に小麦だけに、天から授かった「グリアジン」と「グルテニン」と呼ばれる2種類のタンパク質があります。小麦粉と水をこね合わせることで、グリアジンは適度な粘りを出し、グルテニンは適度な弾力を出すことによって、「グルテン」ができます。つまり対比する二つの性質をあわせ持ったグルテンが粉体加工の可能性を無限に広げました。グリアジン、グルテニンそしてグルテンの性質は、パン作りにとっても欠かせないものです。その働きについては、第3章で詳しく解説します。

第2に小麦粉の粉体加工において一部例外を除き、水以外になくてはならない必須材料が一つあります。答えは「食塩」ですが、食塩は小麦粉との相性がとてもよく、いろいろな生地にしたときに食塩の効果や影響力が如実に反映されます。特に前述のグルテンに対する影響力は絶大で食塩はグルテンの引き締めに一役も二役も買っています。具体例としては、うどん加工が最適でしょう。原料は小麦粉、水、塩の3種類で標準的な配合比は小麦粉100gに対して水は45~50gそして食塩が5gとなっています。特筆すべきは食塩の量ですが、小麦粉に対して5%も添加されています。皆さんも一度茹でる前の生うどんを一本かじってみてください。すごく「塩辛い!」と感じるはずです。なぜ、こんなに多量の食塩を配合するかといえば、うどんを練るときにグルテンを引き締めて、うどんに独特の「コシ」をもたせるためです。うどんを食べるときにあまり塩気を感じないのは、茹でるときにうどんに含まれている塩分がお湯の中に流れ出すからです。逆にうどんの茹で汁を飲んでみると、結構塩辛いものです。

食べ物には「塩梅（あんばい）」という言葉があり、これには人にとって適切に食塩を添加した食べ物は人に「美味しさ」を提供するということが表れています。小麦粉の加工食品もすべてが何千年もの間、食塩と調和を保ちながら発展してきた歴史的背景があります。ちなみに「塩」は人類にとって最も古くからつき合いがあり、現代においても最少の添加量で最大の効果を引き出す調味料であることをお忘れなく。

第3にあらゆる小麦粉の加工食品は古今東西、万人にとって、その食感・香味などが好ましいものであったという事実でしょう。これは他の穀物や雑穀と比較しても癖がなく、種子類独特の植物臭や繊維っぽさがすこぶる少ないという点から好まれるようになったと推測されます。そのほか、加工の簡便さ、加工の汎用性の広さなども他の穀物より有用性が高く、そのため世界中で重宝されるものとなったのです。

冒頭でも述べましたが、小麦粉の加工食品はパン類、菓子類、麺類、スナック類にはじまり飲料や調味料と数えればきりがありません。たとえば、大麦は現在では大半が飲料の原料です。米は米飯としての粒食。トウモロコシも粒の生食から加熱食が主体で、残りがスナック類や煎餅類となります。他の穀物は残念なことですが、現代ではある有用な部分だけを有効利用して残りの大半は養殖、養鶏そして家畜の飼料となっています。その意味でも小麦粉の加工適性と汎用性は他の穀物を圧倒しています。まさに小麦は穀物の「王様」といえましょう。

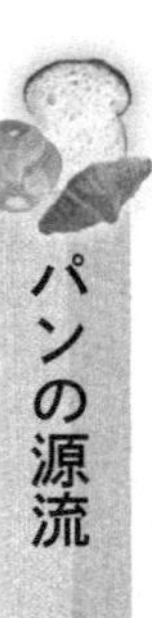

パンの源流

パンの歴史については、第2章以降で詳しくお話ししたいと思いますが、この節ではパンの源流について簡単に触れておきましょう。

現在、われわれが食しているパンの多くは小麦を製粉した小麦粉を原料としています。その小麦の源流ですが、今より1万年ほど前に中央アジアから西南アジア一帯に自然生育していた野生原種（スペルト小麦など）が栽培されるようになったとされています。この小麦の原種が５００0年もの時を経て原種からパン用小麦に栽培・育種されて、大陸を越えてパンの原料として広く普及しました。また、パン用小麦の伝播経路も多岐にわたり、主には次のような経路で東西南北に伝播されました（図1－1）。

①西南アジア～中近東～北アフリカ経路
②中央アジア～中東～地中海沿岸諸国～南ヨーロッパ経路
③中央アジア～黒海北回り～ウクライナ・東欧経路
④中央アジア～モンゴル・中国北部経路
⑤中央アジア～インド～中国南部経路

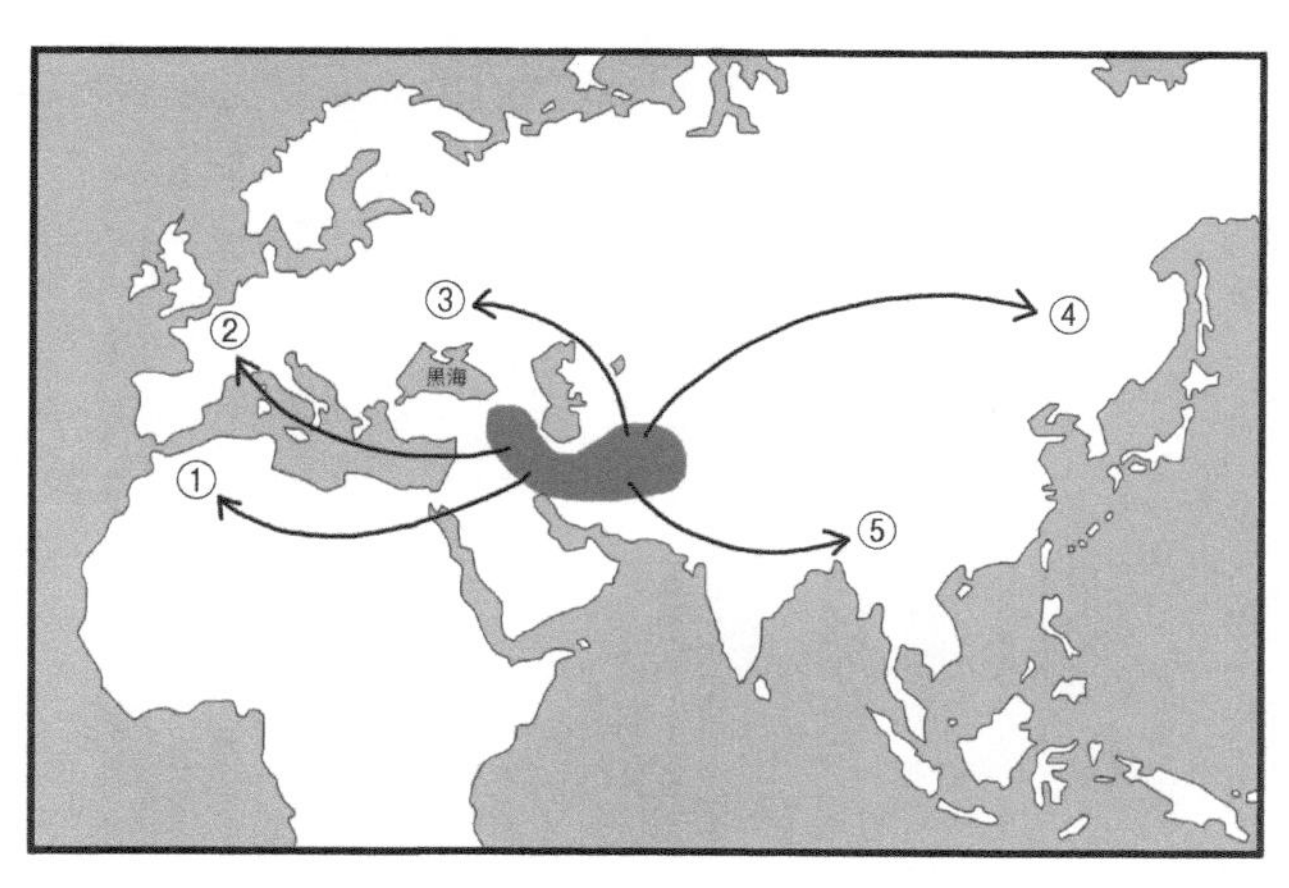

図1-1　小麦の伝播経路

次にパンの源流ですが、煎餅のような無発酵パンは紀元前５０００年頃から、少し膨張した生地を焼いた発酵パンは紀元前４０００〜紀元前３０００年頃に、中央アジア〜中近東〜地中海沿岸を中心に各地で誕生していたようです。当時のパンは無発酵パン・発酵パンにかかわらず、硬くモソモソとした食感で青臭いものであったことは容易に推測されます。

紀元前２０００〜紀元前１０００年頃、メソポタミアのシュメール文明やエジプト王朝中後期には、大麦でビールを醸造し、その絞りかすに大麦粉を混ぜ合わせて作った大麦パンや小麦粉を混ぜ合わせたブレンドパン、そして小麦粉だけで作られた上等のパンが主食として、ビールとともに食されていたと記録されています。その証拠にエジプト王朝では日本流にいえば、農民からの年貢もビールを壺に何杯、ふつうのパン何個、上等のパン何個と定められており、逆にお上の役人の給料もビールを壺何杯分、ふつうのパン何個、上等のパン何個と現物支給であったと記されています。

紀元前数百年のエジプト時代から古代ギリシャ時代を経て、紀元前後のローマ時代に入ると、農耕技術はもとより石臼やふるいなどの製粉技術、カマドなどの焼成設備が発明されます。その頃には発酵パンの基本技術も確立しており、ローマ帝国の勢力拡大とともに広くヨーロッパ各地に普及したようです。

無発酵パンと発酵パン

パンの歴史をひもとくと無発酵パンから発酵パンへ進化の跡がみられますが、現在、世界中のすべての人々がふっくらした発酵パンを食べているかといえば、答えは「ノー」です。

現在でも無発酵のパンを食べている人々は数多くいます。その理由もさまざまで、小麦が収穫できない地域ではトウモロコシの粉を使っているからで、円形の薄焼きに作る中南米のトルティーヤなどが有名です。また、ヨーロッパ北部～ロシア～スカンジナビア半島あたりは、クネッケンなどの伝統的にライ麦で作られたずっしりとした噛みごたえのあるパンが主流でその種類も豊富です。また、中央アジアから中近東と北アフリカ一円は小麦粉で作られた比較的柔らかい無発酵パンの宝庫となり、それが一般的になっているからです。

代表的な無発酵パンをあげると、アジアではインド、パキスタン、アフガニスタン、イランで常食のチャパティーなど。中近東ではイラクのタンナワー、シリアのフブス、トルコのユフカなど。これらはいずれも円形の薄焼きパン（平焼きパン）で基本的には料理を包んだり、ちぎって料理を挟んで食べます。なぜ、無発酵パンかといえば、インドのカレーやトルコのケバブなど中近東に代表される伝統的な煮込み料理を食するのに分厚い発酵パンは必要なかったのではないかと推測できます。また、これらの地域では、ヒンドゥー教、ユダヤ教、イスラム教など宗教上の戒律で発酵パンを避ける人も多い国家や民族も存在しているからです（p.38参照）。

一方、時期は定かではありませんが、発酵パンの歴史も無発酵パン同様に中央アジアから中近東を経てエジプトに渡ったようです。たとえば、イラン、パキスタン、アフガニスタンで常食のナーンが有名です。中近東一帯ではピタ、エジプトではエイシが常食です。これらのパンは丸く延ばした柔らかい生地をタンドールのような窯の内側の壁に張り付けて1～2分で焼き上げてしまうタイプが多いようです。このタイプのパンの特徴は生地内部の炭酸ガスの気泡と水分の気化が一気に生じるので、焼き上がったパンの中に大きな空洞ができることです。その空洞を利用して、肉類や豆類の煮込み料理などを詰めて食する食べ方は今も引き継がれています。

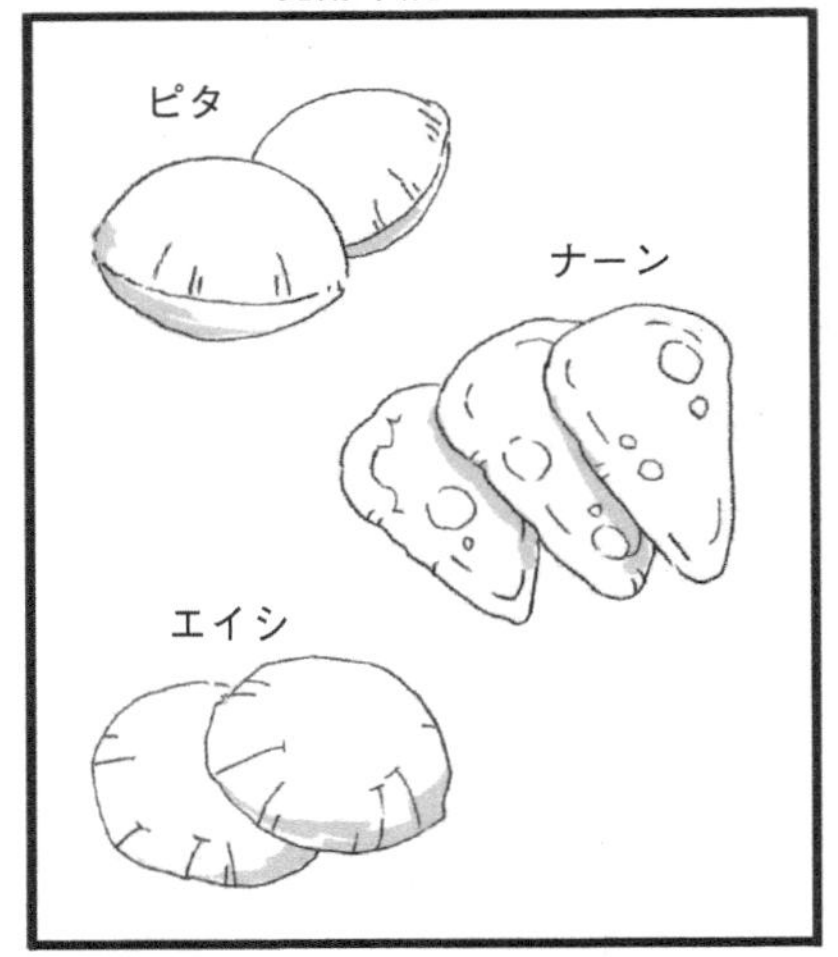

図1-2　無発酵パンと発酵パンの例

そして古代エジプトの頃よりパン好きのエジプト人によって、薄焼きパンのみならずいろいろなパンが開発されます。最も画期的だったのはしっかり身の詰まった円盤形のパンやげんこつパンのような発酵パンに変化したことです。ここに現在われわれが食する欧米型発酵パンの原点があります。そしてそれらはエジプト王朝～古代ギリシャ～ローマ帝国～中世ヨーロッパを経て現代に引き継がれていますが、キリスト教文化とともに発展しました。特に中世ヨーロッパの修道院ではパンの製法や製造技術はワインやチーズとともに飛躍的な成長を遂げたようです。そしてそれらのパンがヨーロッパ全土に広がり、各地で独自のパンとして定着するようになりました（図１－２）。

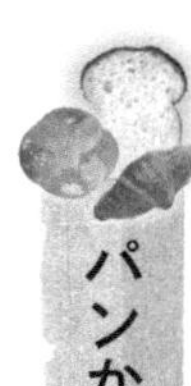

パンかブレッドか

日本においては「パン」と「ブレッド」はどちらも同じ食べ物を示す言葉と認識されていますが、なぜ二つの呼び名が混在しているのでしょう。

われわれが日常「パン」と呼んでいるものは、１５４３年種子島に鉄砲とともに伝わった、ポルトガル語の「pão」に由来しているとされています。また、「ブレッド」と呼んでいるものは、１８５３年浦賀沖にアメリカのペリー提督率いる黒船が来航して以来伝わった、英語の「bread」に由来しています。そもそも中世以降ヨーロッパを中心とした国々で発展を遂げたパンやブレッドも語源を辿ると「パン」派と「ブレッド」派があるようです。

「パン」はラテン語の「panis（パニス）」から派生しており、もともとは「食物」全体を指していましたが、時代とともに「パン」を意味するようになりました。「パン」派の国々にはスペイン語の「pan（パン）」、フランス語の「pain（パン）」、イタリア語の「pane（パーネ）」などがあげられます。

一方、「ブレッド」は「醸造」を意味するゲルマン語の「brauen（ブラウェン）」から派生しており、アルコール発酵が関係するので「ブレッド」と使われるようになったようです。「ブレッド」派の国々にはドイツ語の「Brot（ブロート）」、オランダ語の「brood（ブロート）」、デンマーク語の「brod（ブロッ）」などがあげられます。

では、日本ではというと歴史の長い分だけポルトガル語由来の「パン」がお馴染みでより一般的な呼び名です。あんパン、クリームパン、フランスパンや食パンといったように、ブレッドも含む「パン」という単語がパンの総称であるといえましょう。

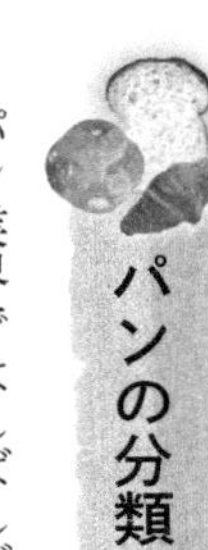

パンの分類

パン業界ではしばしば「リーン」や「リッチ」、「ハード」や「ソフト」という言葉でパンを分類することがあります。これらをひと言で説明すれば、「リーン」や「リッチ」はパン材料の種類の多少とその配合加減を示し、また、「ハード」や「ソフト」はパンの食感の硬軟を示す形容詞的表現となります。以下、それぞれに解説を加えていきましょう。

リーンなパンとリッチなパン

「リーン（lean）」を直訳すれば、「脂肪のない」とか「痩せた」という意味で、パンを作るときに使われる材料がシンプルとか簡素であることを指します。具体的には小麦粉、水、イースト、塩などの基本材料を中心に構成されたパンのことです。代表選手はバゲットやプティ・パンなど一般的にフランスパンと呼ばれているもの。

「リッチ（rich）」を直訳すれば、「富裕な」とか「豊富な」という意味で、パンを作るときに使われる材料の種類と量が豊富であることを指します。具体的には、基本材料に糖類、油脂、卵、乳製品などの副材料を多く使用したパンのことです。代表選手は日本の菓子パンやフランスのブリオッシュなど。

ハードなパンとソフトなパン

「ハード（hard）」は文字通り硬いパンを示す言葉ですが、ここでいうハードはどちらかといえば噛みごたえのある一般的にリーンなパンを指します。代表選手はやはりフランスパンやパン・オ・ルバンなど。反対に「ソフト（soft）」は柔らかいパンですが、食感が柔らかく一般的にリッチなパンを指します。代表選手は菓子パン、ドーナツなど。

また、一般的にはハード&リーンとソフト&リッチは相関しており、分類上の位置づけは対極となります。

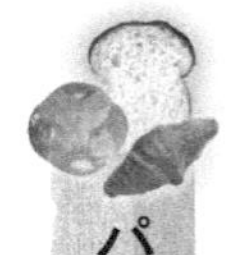

パンは総合栄養食!?

朝食の組み合わせとしてよくある、コーヒーとトースト&バターの栄養価を調べてみましょう。6枚切りの食パン1枚は約170kcal。それにバター4g:30kcalを塗って食べると、トースト&バターで合計200kcalとなります。それにブラックコーヒーカップ1杯(160ml):約6・4kcal、砂糖とクリーム入りだとさらに約54・4kcalを上乗せしてください。トースト1枚とコーヒー1杯で約210~260kcalとなり、まずまずのエネルギー量となります。栄養面はといえば、圧倒的に炭水化物が高く、脂質、タンパク質と続きます。食パンにはビタミンA群はβ-カロテンが若干量、ビタミンE群は微量、ビタミンC、Dは皆無なのですが、実は、ビタミンB群は1、2、6、12とバランスよく配分されています。また、ミネラルは多種含まれていますが、特にナトリウム、カルシウム、カリウム、マグネシウムは小麦粉と食塩由来で豊富に含まれています。また、食物繊維も可溶性・不溶性ともに多く含まれており、全体的に評価すると食パンはビタミン類に多少の偏りがありますが、「総合栄養食」といってもよいでしょう（表1-2）。

パンの栄養といえば、世界で初めてパンの栄養と小麦全粒粉について着目して改善を加えたアメリカの学者がいます。そして開発されたパンが「グラハム博士の全粒パン」。最近ではたいていのパン屋さんやスーパーのパン棚に置かれている小麦全粒粉の入った食パンやロールパンが「グラハム博士の全粒パン」です。

シルベスター・グラハム博士は主に1830～40年代に活躍した栄養学と健康食の研究家。胚乳部分だけの白い小麦粉ではなく、ふすまや胚芽も含む小麦全粒粉（英語：whole wheat flour）をクラッカーやパンに使用するのを提唱したことで特に有名な博士です。博士が1837年に論文で発表したことから、小麦全粒粉のことをグラハム粉、その粉で作られたクラッカーやパンがそれぞれグラハム・クラッカー、グラハム・ブレッドと博士の名にちなんで名づけられました。では「小麦粉と小麦全粒粉では栄養価が違うのか？」という点について解説を加えます。

まず食物繊維について。小麦粒の外皮が含まれているので、小麦全粒粉は小麦粉より4倍程度多く食物繊維を含み、整腸作用改善に働きます。

次に小麦の外皮の内側と胚乳の外側にアリューロン層と呼ばれる部分があり、そこにタンパク質・脂質が多く含まれているので、栄養価的には多少向上します。胚芽部分には鉄分をはじめビ

食品名	栄養成分基準	一般成分								備考
		エネルギー (kcal)	水分 (g)	たんぱく質 (g)	脂質 (g)	炭水化物 (g)	食物繊維総量 (g)	ミネラル群 (g)	食塩相当量 (g)	
食パン (6枚切り)	100g 当たり	258.0	38	9.0	4.0	46.4	2.3	1.6	1.3	
	1枚当たり(66g)	170.0	25.1	5.9	2.6	30.6	1.5	1.05	0.85	
全粒粉入り食パン (6枚切り)	100g 当たり	254.1		8.5	4.6	41.8	5.4		0.98	
	1枚当たり(61g)	155.0		5.2	2.8	25.5	3.3		0.6	
バターロール	100g 当たり	325.0	30.7	7.9	9.6	51.8	2.0	1.6	1.1	
	1個当たり(28g)	91.0	8.6	2.2	2.7	14.5	0.56	0.45	0.3	
レーズン入り ロールパン	100g 当たり	321.9		7.2	8.1	55			0.84	
	1個当たり(32g)	103.0		2.3	2.6	17.6			0.27	
フランスパン	100g 当たり	272.7	30.0	10.2	1.9	53.7	2.7	1.8	1.6	
	1本当たり(238g)	649.0	71.4	24.3	4.5	127.8	6.4	4.3	3.8	
クロワッサン	100g 当たり	328.0	20.0	9.0	29.7	56.1	1.8	1.4	1.2	
	1個当たり(33g)	108.2	6.6	3.0	9.8	18.5	0.6	0.5	0.4	
カレーパン	100g 当たり	328.2	41.3	6.2	19.8	31.3	1.6	1.5	1.2	パン69
	1個当たり(117g)	384.0	48.3	7.3	23.2	36.6	1.9	1.8	1.4	具31
つぶあんパン	100g 当たり	263.0	35.5	7.0	2.9	52.3	2.7	1.1	0.7	パン10
	1個当たり(144g)	378.7	51.1	10.1	4.2	75.3	3.9	1.6	1.01	あん7
ミニつぶあんパン (薄皮タイプ)	100g 当たり	265.0	37.4	6.5	2.0	55.4	4.9	0.7	0.4	パン22
	1個当たり(46g)	121.9	17.2	3.0	0.9	25.5	2.3	0.32	0.18	あん78
メロンパン	100g 当たり	368.0	20.9	9.1	10.6	59.0	1.7	0.8	0.5	
	1個当たり(110g)	404.8	23	10.0	11.7	64.9	1.87	0.88	0.55	
クリームパン	100g 当たり	289.0	36.0	8.1	9.1	43.6	1.2	1.4	0.9	パン5
	1個当たり(100g)	289.0	36.0	8.1	9.1	43.6	1.2	1.4	0.9	クリーム3
イングリッシュ マフィン	100g 当たり	230.0	46.0	7.8	1.35	46.1	1.2	1.5	1.2	
	1個当たり(66g)	151.8	30.4	5.2	0.9	30.4	0.8	1.0	0.8	

表1-2　パンの成分表

「日本食品標準成分表　2015年版（七訂）」より

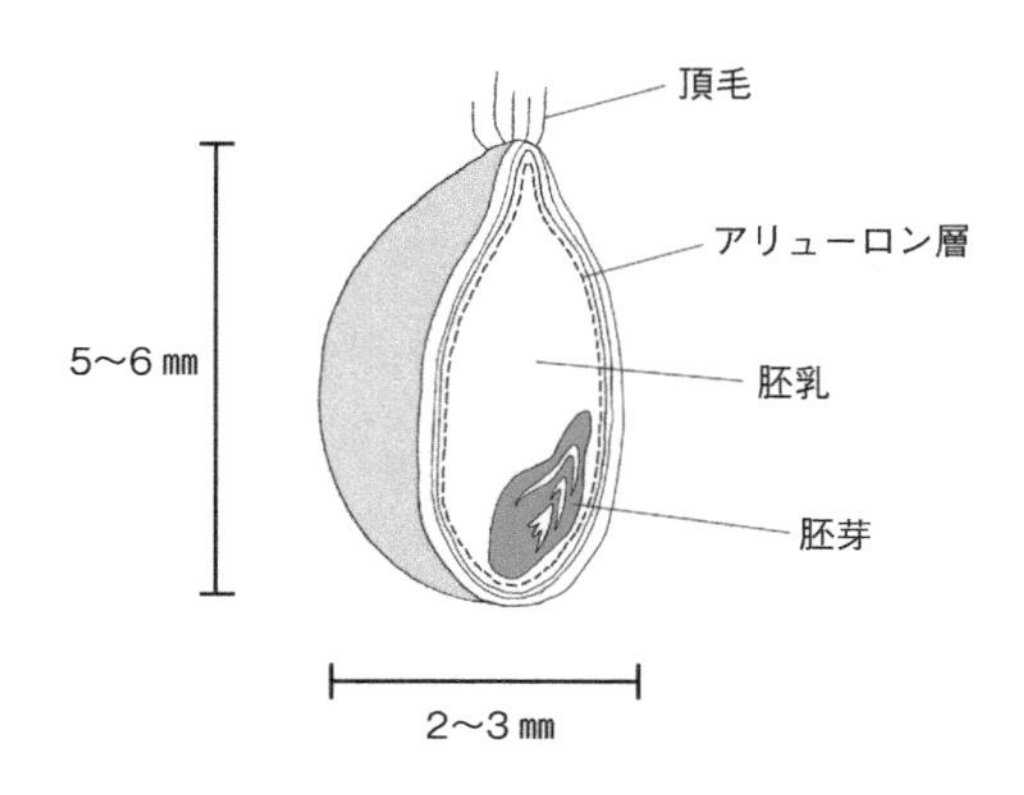

図1-3　コムギのアリューロン層

タミンB、E群とミネラル群が比較的多く含まれているので、身体上の機能調整に一役買います（図1－3）。

　ちなみに昔は、等級の低い粉ほど栄養価が高い、という話がよく聞かれました。製粉時、もったいないので外殻部（外皮）近くまで削りとって粉にしていたのが、「等級が低い」ものでした。外殻部にはタンパク質、ミネラル、ビタミン類が豊富に存在しますから、「等級の低い粉ほど栄養価が高い」といわれるようになったと推察されます。一方、上質の小麦粉は中心部の白い胚乳部分を中心に製粉されていたので、上質のタンパク質とデンプンが主体となり、「総合的な栄養価は低かった」ということになります。

　話を戻しますが、条件付きの結論を言えば、グラハム・クラッカーやグラハム・ブレッドは健康食品としては優秀であるということです。ただ、問題はその添加量にあります。栄養面、健康面だけを論じれば小麦全粒粉100％でクラッカーやパンなどに加工すればよいのですが、硬くてボソボソした青臭い雑味の多いパンになります。日本の一般市場で売られているグラハム・ブレッドは小麦：小麦全粒粉の割合が大体8：2程度にブレンドされているものが大半を占めます。これは美味しさや食べやすさを求めた結果、このような割合に落ち着いているということです。適度な添加量は香ばしさやコクの元になりますが、小麦全粒粉の割合を多くすればするほど、匂いと食感が悪くなります。また、全粒粉はグルテンを作りにくいので高度な加工技術が求められます。

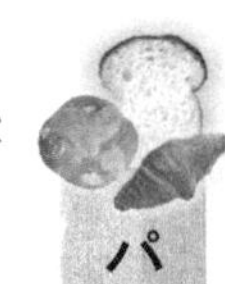

パンとご飯、どちらが消化が速い？

以前より日本人（特に男性）の中には、「パンは腹持ちが悪い！」とおっしゃる方が多いような気がします。これはまんざら気のせいではなく、多くのパンはご飯に比べて消化が速くお腹がすくのを早く感じるからです。これは一口で簡潔にいえば、パンとご飯の構造組織の違いにあります。

焼成後のパンには、スポンジ（海綿）状でやわらかい「クラム」部分と、外側のカリッとした

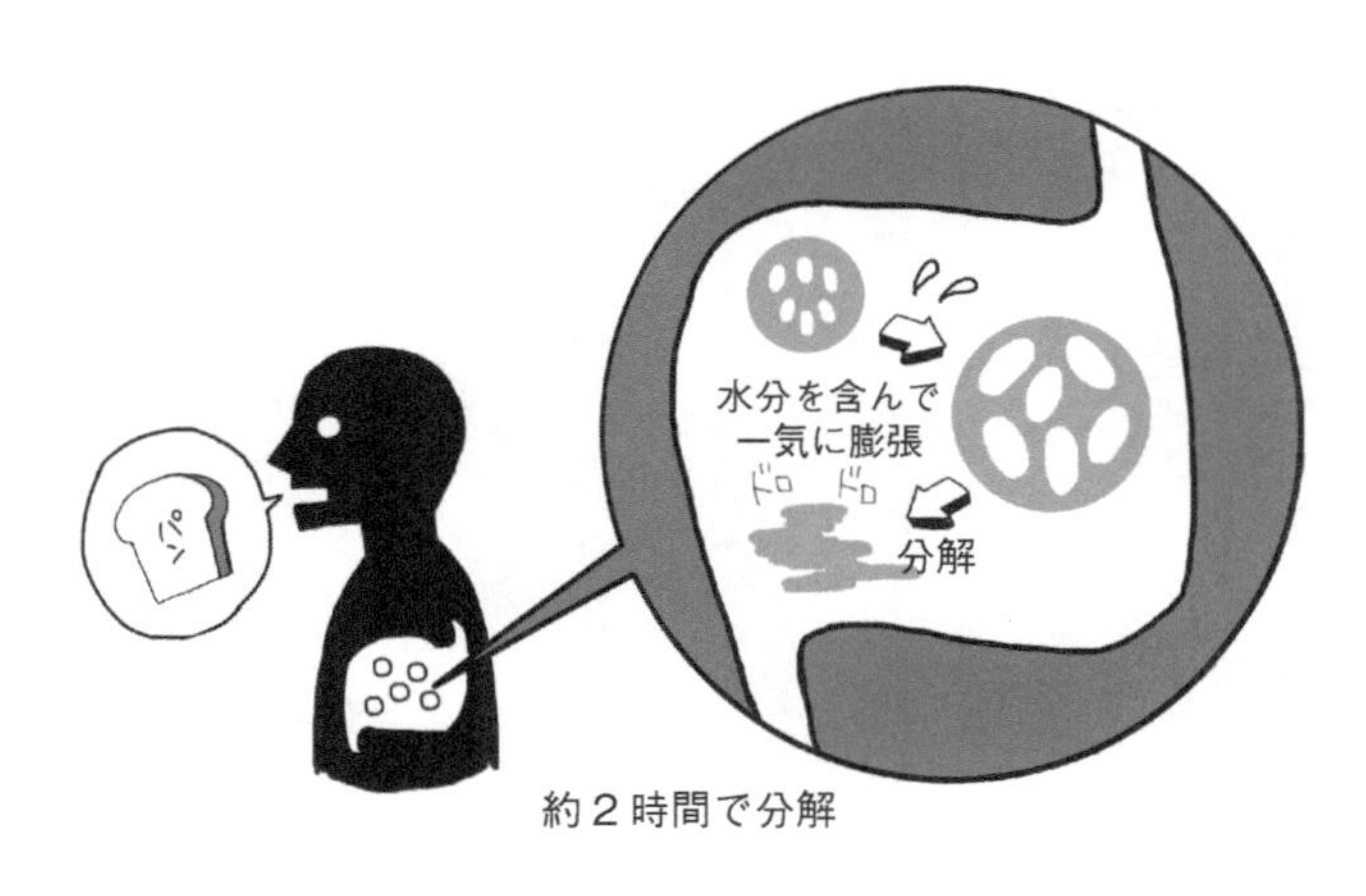

図1-4　クラムは胃の中で膨張する

焼き色のついた「クラスト」部分があります。

胃の中に入ったパンは一気に胃酸や消化液を吸収してクラムが膨張します（図1－4）。その後、胃の伸縮活動で膨張したクラムが瞬く間に崩壊して消化されるので、2時間程度でドロドロのペースト状になります。ゆえにパン食は満腹感が早く訪れ、空腹感も早く訪れます。

一方、炊き上げたご飯は完全な楕円状をした粒を形成しています。胃の中に入ったご飯は粒の表面から徐々に消化されるので、食後2時間ではまだ米粒が残った状態で、ドロドロのペースト状になるのに3時間以上かかります。ゆえにご飯は粒として一気に胃の中へと入るので満腹感もあり、消化に時間がかかるため腹持ちがよいと感じるのでしょう。

次になぜ構造組織の違いが生じるかについて簡

単に説明を加えます。パンは小麦粉の粉体加工食品で、小麦粉を中心としたイーストを含む各種材料を混合してパン生地を作製します。次に発酵の過程では多くの水分を含んだ生地が作る気泡の中に大量の炭酸ガスが充満します。最後に発酵したパン生地を焼成することで、余分な水分は気化し、デンプンやタンパク質は熱凝固して弾力のあるスポンジ状のクラムを形成します。

一方、ご飯は精米したうるち米を簡単に水洗いして糠を取り除き、しばらく浸漬してから炊飯する粒食加工品です。米が一粒一粒の固体として存在するので粒食加工の所以となっています。

ちなみに「パンとご飯どちらがダイエットしやすいのですか?」と、多くの女性から寄せられる質問があります。筆者はいつも「うーん。食べ方次第じゃないですか」とお決まりの返事をせざるを得ません。食事として考えれば当然のことながら飲料や副菜との関連を無視して考えることができないからです。それに加えて前述した「パンとご飯の満腹感の違い」や「パンとご飯の腹持ちの違い」などの影響力も考慮すべきであると考えます。これはパンやご飯でそれぞれに満腹感を得るための必要摂取量がおのずと変化するので比較が非常に難しくなります。

そこで、ここではごく単純に同一量を食した場合のパンとご飯のエネルギー(kcal)を、表1-2を用いて計算して比較します。

平均的な市販の6枚切り食パンは66g/1枚です。これを100g換算すると6枚切り食パンを約1・5枚食べることになります。この場合の摂取エネルギーは258kcal/100gとなります。

　一方、うるち米を精米して炊いたご飯は１６８kcal／１００gとなります。１００gのご飯は小さめのお茶碗に軽く一膳といったところ。一般的なレンジでチンのパックご飯では３３６kcal／２００g（1人前）ですから、ちょうど半分量となります。

　パンとご飯のみを同量摂取した場合、食パンのほうがボリューム感があり、ご飯のほうがはるかにダイエットフードといえましょう。これはなぜかといえば、パンは粉体加工品ゆえに小麦粉以外に糖類、油脂、乳製品などが含まれているので、エネルギー（kcal）は高くなるからです。反面、ご飯は米粒と水だけで炊き上げるので純粋に米粒だけのエネルギーとなります。ちなみに１００gのご飯に精米は47g含まれています。

2 パンの科学史

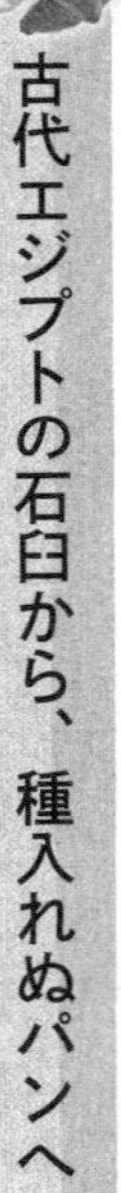

古代エジプトの石臼から、種入れぬパンへ

エジプト王の副葬品で「粉を挽く女」という像があります。その女のひとが使っているのがサドルカーンです。サドルとは鞍のことで、カーンが臼のこと。そしてこのサドルカーンが発明されたのが、紀元前3000年頃の古代エジプト文明とされています。

粉挽きの対象となったものは大麦と小麦の粒ですが、大麦は生粒のまま粗挽きにしておかゆやパンの原料にしました。小麦はあらかじめ表皮を湿らせ、できるだけふすま部分（外皮）や胚芽などを取り除いて粉にしてパンの原料にしました。たとえば小麦の場合、鞍形の平らな下皿の石に麦粒を撒いて、上石を両手でもって体重をかけながら前後させてそれらをすり潰します。下皿の石の手前側が少し高くなっていて、傾斜がついているので、手前から向こう側に上石を押すのが楽になっている点が特徴です。また、向こう側が少しくぼんでいて、湿らせて剝離しやすくなった麦粒をすり潰していくと小麦の胚乳部分がそのくぼみに溜まり、外皮（ふすま）部分が手前の下皿の石の上に残るように設計されています。サドルカーンで挽かれた粗挽き粉からふすまを取り除いた後に、ふるいにかけて細かく白い粉を得ていました。これがまさに製粉の原点であり、上等な白パンの原料となり、本格的な粉食文化の夜明けを迎えたといえましょう（図2-

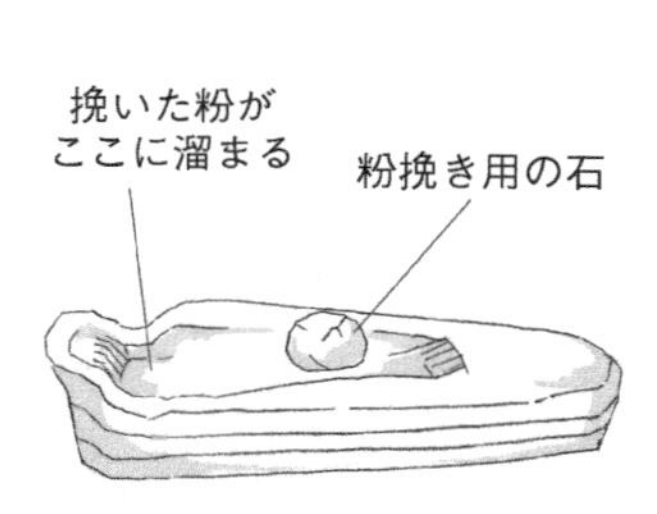

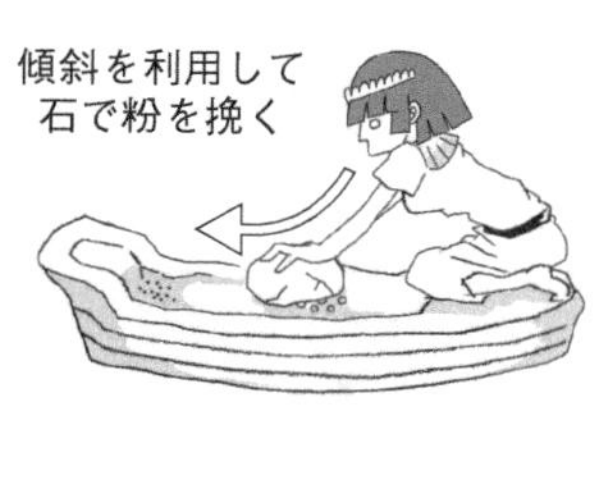

図2-1　古代エジプト時代のサドルカーン

1）。

旧約聖書をひもとくと「出エジプト記」で頻繁に登場する「種入れぬパン」（イースト菌を入れない無発酵パンのこと）や「上質の小麦粉で焼いたパン」という件が目につきます。

旧約聖書は、当時のヘブライ人（ユダヤ人）によって紀元前１０００～紀元前６００年頃に書き記されたとされています。その旧約聖書の「出エジプト記」は、紀元前１２８０年頃にエジプト王国から、預言者モーセが奴隷であったヘブライ人を脱出させる「出エジプト」の物語です。モーセはある日の早朝にヘブライ人を引き連れ紅海を渡り、シナイ半島に上陸します。まずモーセはシナイ山に入り、そこで神ヤハウェと契約（「十戒」として知られている）を結び、ヘブライ人とともにカナン（現・パレスチナ地方）に定着します。

その国の王は神ヤハウェと定め、人間の王を立てずにイスラエル民族として繁栄を遂げるというお話です。

「出エジプト記」では「種入れぬパンを食べなければならない」「種を入れたパンを食べてはならない」といった訓示が再三再四出てきます。「種入れぬパン」すなわち無発酵パンを、なぜ彼らは食べなくてはならなかったのか、なぜ現代においても無発酵パンを中心にしか食さないのか。そこには「無発酵パン」に対する彼らの信条や宗教上の倫理観が存在すると考えます。以下に筆者の推論を記します。

「出エジプト記」の頃のエジプトではすでに小麦粉の発酵種を使用して焼いた比較的大型で身の詰まったドーンとした感じのパンが主流だったようです。当時、奴隷として迫害されていたヘブライ人はエジプト文化の象徴ともいえるビールとパンを糾弾して、自らの文化のタブーとしたのではないか。

当時、長旅に出るのにパン種を準備できなかったという単なる物理的な事情がきっかけとなり、「パン種」無用論が生じたのではないか。

当時は発酵と腐敗は見分けがつきにくく、パン種においてもその形状や匂いなど紙一重であった。前者は人にとって有益な発酵種として食品加工に生かされたが、後者は人にとって病気をもたらす不益・不浄なものとして扱われた。当時の迫害されていたヘブライ人はエジプト人が日々食していたパンをなかなか口にすることができなかった。ゆえにパン種に対する理解が乏しく、パン種を不浄なものとして特定したのではないか。

以上が筆者の推論ですが、宗教観や倫理観はさておき、「発酵」と「腐敗」は何千年にも及ぶ人類の食生活の中で相対する永遠のテーマであることは間違いありません。科学的に説明すれば、ある種の微生物が自ら増殖できる培地（食素材）で増殖した結果、人間にとっての有効成分が生成されるか、または微生物そのものが有用な働きをすれば「発酵」と呼び、反対に人間にとっての毒性成分が生成されるか、または微生物そのものが不益な働きをすれば「腐敗」と呼びます。

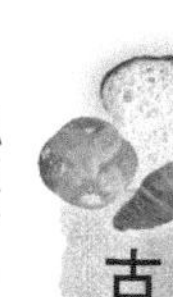

古代オリエント時代の不滅の石臼と、幾何学模様

現在でも使用されている石臼が発明されたのが紀元前６００～紀元前５００年の古代オリエント時代とされています。この石臼はロータリーカーンと呼ばれ、取り外し可能な木の挽き手を取り付けた回転式の上臼と固定式の下臼の間に取り込み口から麦粒などを落とし込んで粉にしていきます。これらの臼には中心から外側に走る太く深い溝（主溝）と、主溝と主溝をつなぐ細く浅い溝（副溝）があります。溝が直線に走っている臼の目を直線目、曲線からなるものを曲線目と

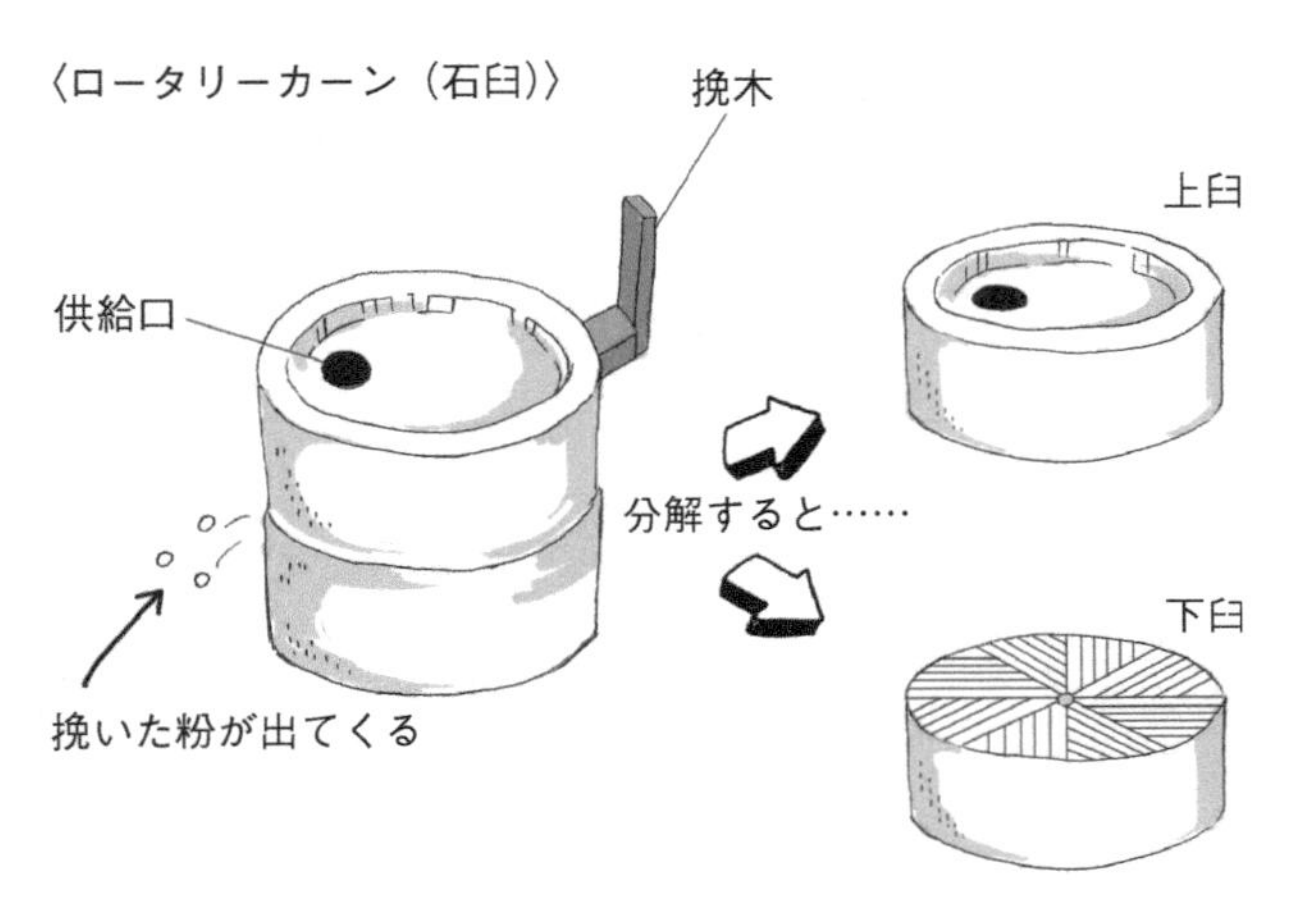

図2-2　古代オリエント時代のロータリーカーン

しています。現在でも小麦粉やそば粉を挽く石臼は6分画6溝か8分画6溝からなる直線目の石臼と中心から外側に放射線状に溝が目立て（溝を彫ること）されている曲線目の石臼の両方が使用されています。それらの石臼が2000年以上もの間、さほど改善が加えられなかったということはよほど完成度が高かったのでしょう（図2−2）。

そしてこれらの石臼には共通した、次のような特徴があります。

①上臼だけが回転する。
②臼の回転方向は必ず時計と反対回りである。
③直線目の場合、上臼の溝の面を下臼の溝の面に重ねることによって小さなダイヤモンド形の溝が多くできる。
④外側に近い部分の溝は浅く「目立て」されていて、より細かくすり潰しが可能である。

２０００年以上昔に現在のトルコ辺りで発見されたロータリーカーンは8分画6溝に目立てされていました。ただ、なぜ反時計回りか、なぜ8分画6溝の幾何学模様になったのか、これらは未だ謎とされています。

発酵原理の母

さて、時代は一気に進み、17世紀。オランダ生まれの科学者アントニ・ファン・レーウェンフック（１６３２～１７２３）は顕微鏡を発明して、微生物の生体の解明に大きく貢献しました。微生物学の父と呼ばれています。自ら製作した顕微鏡でさまざまな微生物を観察して、世に数々の微生物の存在を知らしめ、醸造中のビールの中の、球状や楕円球状のイーストも発見したとされています。

さらに時代が進み、現れたのがルイ・パスツール（１８２２～１８９５）。レーウェンフックが微生物学の父なら、発酵原理の母ともいえる、フランス生まれの細菌学者です。化学、細菌学、発酵学そして医学と非常に幅広く活躍した科学者でそれぞれの分野で特筆すべき業績を残していますが、特にイーストのアルコール発酵によってワインやビールが醸造されるシステムを解明したことは、後のあらゆる発酵飲料・食品の礎となりました。

$$C_6H_{12}O_6\text{（ブドウ糖）} \rightarrow 2CO_2\text{（炭酸ガス）} + 2C_2H_5OH\text{（エタノール）} + \text{エネルギー}$$

図2-3　ブドウ糖の分解

パスツールは生きた微生物が無酸素状態でブドウ糖を炭酸ガスとエタノールに分解することを証明しました。また、密閉状態において炭酸ガスは水に溶けて圧力を増すので、それが液体の発泡性となります（図2－3）。

まさにこの化学反応式が19世紀後半のパン用酵母の発見とその発酵システムの解明に一役も二役も買ったことはいうまでもありません。実際にフランスでも1890年代には生イーストの量産が開始されたわけですから。その他にビールやワインそして牛乳の腐敗を防ぐ低温殺菌法（パスツーリゼーション）の実験にも成功します。これは現在でも牛乳などの飲料で実用化されており、65℃で30分間加熱する殺菌法の、この英語名のパスツーリゼーションは彼の名にちなんだものです。

パスツールはまさしく近代微生物学の開祖的存在であり、狂犬病ワクチンの開発に成功したことから、1888年には世界各国より寄付が集められて、フランスにパスツール研究所が設立されました。現在もパスツール研究所は創設者パスツールの遺志を受け継いで、公益目的の民間研究機関として幅広く活動を行っています。

フライシュマンズ社とルサッフル社のイースト

パンの発酵に使われる、酵母の代表であるイースト。その生産の近代化・量産化の草分け的存在、アメリカ人のフライシュマンズ兄弟が、ハンガリー移民のチャールズとマクシミリアンとともに、アメリカのオハイオ州にフライシュマンズ社を設立したのが１８６８年のこと。今でいう生イーストが工業的に量産されるようになりました。

成長を続けたフライシュマンズ社は、１９００年にニューヨーク州に大きな研究所を設立して、イーストの本格的な研究・開発に乗り出しました。当時のイースト製法は、まず大きな筒型のタンクに水をたっぷりと注ぎ込み、その中にイーストの菌株をほんの数ml添加します。イーストの菌株はサッカロマイセス・セレビシエ（*Saccharomyces cerevisiae*）、パン用酵母の代表選手です。主たる栄養源の糖質にはブドウ糖、果糖など、窒素・リン源にはアンモニア塩やリン酸もしくはリン酸アンモニウムなど。ビタミン源にはサトウキビやビートのモラセス、そしてミネラル源にはカルシウムやマグネシウムなどをそれぞれ少量添加します。そしてその液体に十分な酸素を注入しながら、適温で攪拌していくと24～48時間でどろどろしたイーストのペーストができあがります。そのペーストを脱水して圧縮したものが生イーストとなります。

当時、この生イーストは従来のものと比較すると生きた細胞数が桁違いに多く、その結果、パン生地の発酵力・炭酸ガス発生力が格段に強まりました。製パンの全工程の所要時間も大幅に短縮され、アメリカの製パン業界の近代化が進み、全米でパンブームを巻き起こしました。

次にフライシュマンズは第二次世界大戦中にドライイーストを開発します。これは筆者の推測ですが、パン製法の開発同様、戦争の補給線のためにイーストの活性と保存性を高める開発がなされたのでは、と考えたくなります。生イーストは冷蔵庫で保存しても2～4週間で劣化してその活性を失うので、冷蔵庫は不可欠なものでしたが、その移動や輸送はかなりの負担だったと容易に想像できます。実際はアメリカの軍用ベーカリーでも第一次世界大戦中にすでに生イーストを簡易的に乾燥させたドライイーストを使用していました。実際にいくつか地方の小規模の加工メーカーが存在していたようです。さて、本家本元のドライイーストはといえば原理は簡単で、脱水後の生イーストをドラムの中で回転させながら乾燥させてからふるいにかけて粒状にします。このドライイーストはしっかりパックしてあれば半年から1年は常温保存できたので、まさに軍用ベーカリーにとっては利便性の高いイーストであったといえましょう。

１９００年以降世界中のベーカリーの大半が主として生イーストを多用してきましたが、１９８４年にフライシュマンズが今度はインスタント・ドライイーストを開発します。これは脱水前の生イーストのペーストをフリーズドライ（凍結乾燥）して製造します。顆粒状で保存性も高

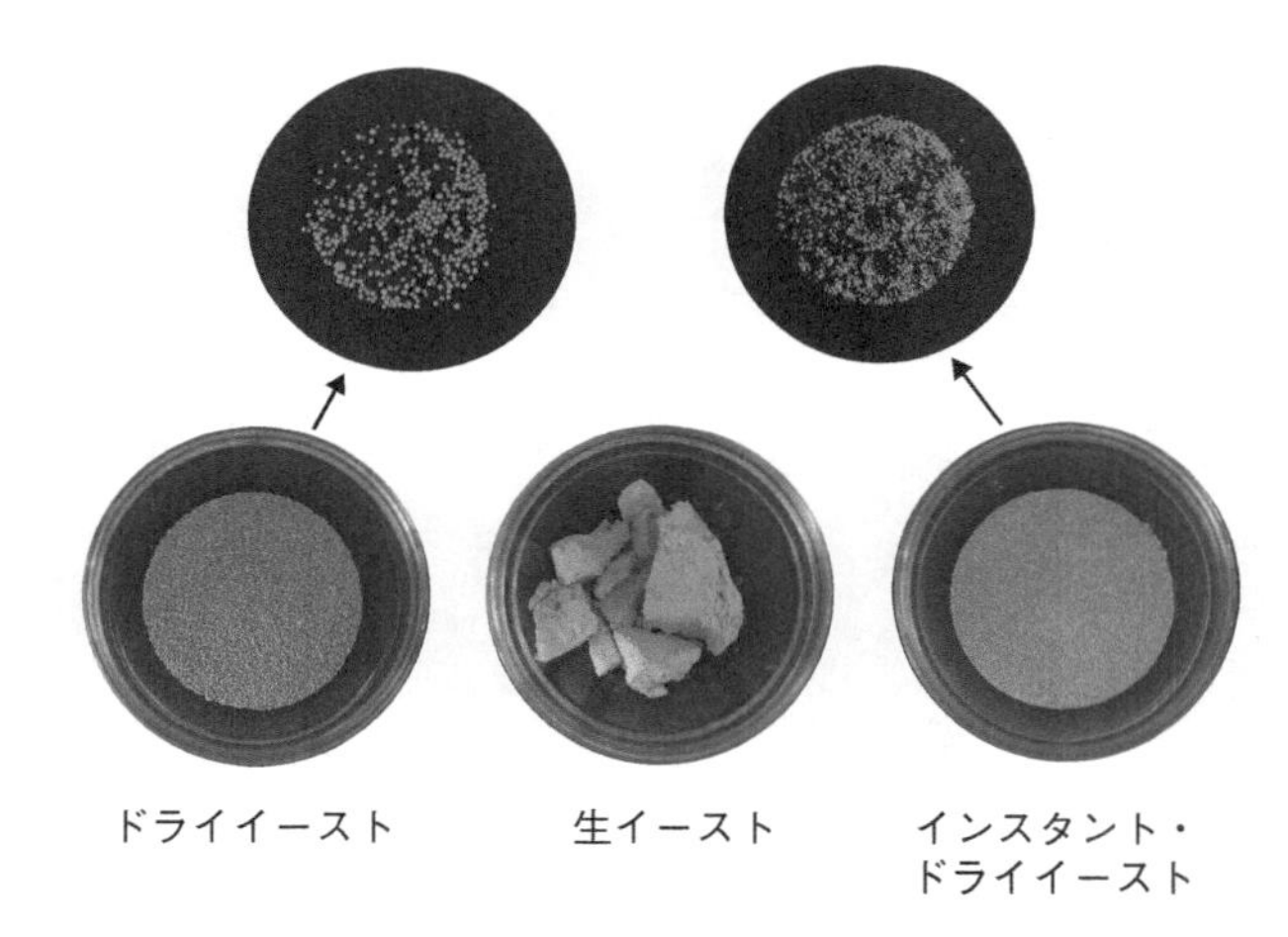

図2-4　イーストの形状

く、生イーストやドライイーストに比べて菌数も多く、活性が強いのが特徴です。パン作りが簡便になり、かつパンの品質向上に役立ったので、多くのベーカリーから今日でも支持されています（図２－４）。

一方ヨーロッパに話を移すと、時は少し戻りますが、19世紀に微生物の分野で活躍した２人のフランス人がいました。彼らはともに友人でありパートナーでもあり、１８５３年にフランス北部でアルコールの蒸留所としてルサッフル社を設立したルイ・ルサッフルとルイ・ボンデュエルです。この２人のルイに加えて、１８６０年には、「３人目のルイ！」（前述のルイ・パスツール）が、酵母の発酵メカニズムを解明し、それを機に２人のルイは酵母の培養を手掛けるようになりました。１８７３年にパン用酵母の製造に成功すると、1895年につばめ印（ルサッフル社のブランド）の生イーストの量産が始まりました。さらに、1944年にはドライイーストの開発、1947年には量産に成功します。

アメリカ、フライシュマンズ社より早い1972年には、インスタント・ドライイーストの開発にも成功して、ヨーロッパはもとより北アフリカやアジア諸国にも進出しました。今日でも一大グローバル企業として、イーストの世界シェア№1を誇っています。

フランス生まれのルサッフルと前述のアメリカ生まれのフライシュマンズはほとんど時を同じくしてパン用酵母の開発に成功し、その後も生産をリードしてきた2社です。ルサッフルは世界シェアの企業に、フライシュマンズは北米を中心に環太平洋諸国をシェアする企業に、ライバル企業として成長しました。まさにこの2社は世界のパン用酵母の供給を二分する双璧といっても過言ではないでしょう。

戦争が早めたパン製法の開発

パン製法と一口に言っても、お国も違えばパンの種類や加工法も千差万別です。今日の日本は世界でも類をみないほどの何百、何千種類のパンを加工・販売しています。現代日本の製パン科学と加工技術は世界的にも群を抜いており、高品質で低価格のパンの供給が可能となっています。量販店やコンビニで販売されているパンがその代表格で、その生産には合理化・機械化されたラインをもつ大手ベーカリーが大きく貢献しています。

それらの礎となったのは、第二次世界大戦後のアメリカから導入された製パン科学と加工技術で、現在でも主流となっている二大パン製法、ストレート法と中種法でした。それによって、日本のベーカリー産業界は飛躍的な成長を遂げます。

ただ、驚くべきことに今より１００年前に、アメリカでは二大パン製法がすでにアメリカ陸軍によって発表されていたのです。当時アメリカ軍は第一次世界大戦に連合国の一員としてヨーロッパ戦線に参戦すべく、１９１７年に移動式ベーカリーを準備していました。その一環として軍用に、パン製法や兵糧パンの開発並びに移動式野戦ベーカリー設営のためのマニュアルブックを発行したのです。その内容は多岐にわたり、現在の製パン科学と技術の基礎的な部分をすべて網羅した、非常に完成度の高い実用書といえます。

この背景には、前述のフライシュマンズ社が、高密度で天文学的な細胞数をもつ工業製イーストを開発し、製パンに要する全工程の所要時間が劇的に短縮されたことがありました。その後の戦争の間に、全米のベーカリー業界は工業とともに急成長を遂げました。軍用ベーカリー向けマニュアルブックは、全米ベーカリー業界の発展に後々まで寄与した、貴重な文献として高く評価されるべきといっても過言ではないでしょう。

3 パンの材料を科学する

——四つの〝主役〟と四つの〝脇役〟

この章ではパンの材料について解説を加えていきます。一口にパンの材料といっても、さまざまなパンの種類があり、それぞれに適した材料が使用されているので、それらすべてを網羅することはなかなか困難です。第1章で述べたように、パンには無発酵パンと発酵パンがあります。また、多くは小麦を原料としていますが、トウモロコシや大麦などの穀物を原料とするパンも存在します。その中で、ここではベーシックなパンである、小麦粉とイーストを使用した発酵パンに限定して話を進めていきます。

パンの材料は必ず必要な材料と、必要ではないがあればよい材料の二つのグループに種分けすることができます。前者はパンを作るのに基本となる材料、役者でいえば「主役」。後者はパンをより美味しく、魅力的にする副材料、すなわち「脇役」となります。主役となる基本材料は小麦粉にはじまりイースト（酵母）、塩、水の四つ。脇役の副材料は糖類、油脂、卵、乳製品の四つです。以下、それぞれの材料を順に解説していきます。

四つの主役

①小麦粉の科学

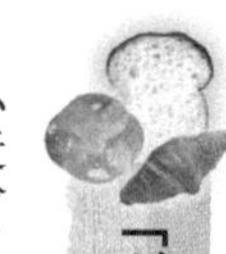

「グルテン」がパンの骨格を作る

小麦粉には、さまざまな栄養分が含まれていますが、主成分はタンパク質と炭水化物（デンプン）です。まずはそのタンパク質から話をはじめましょう。

小麦粉を水と合わせて練っていくと、徐々に弾力のある生地に変化していきます。これは小麦タンパク質が物理的な力（練る、揉む、叩くなど）を介して水を吸収することで、グルテンと呼ばれる混合物に変化するからです。簡単に説明すれば、このグルテンがパン生地や焼き上がったパンの骨格を形成します。建造物にたとえれば、パンの基礎となる柱や梁といったところでしょうか。第1章でも触れましたが、ここではかなり詳しくグルテンについて説明していきます。

小麦粉中には4種類のタンパク質（アルブミン、グロブリン、グリアジン、グルテニン）が6～15％程度含まれています。中でもグルテニンとグリアジンはほぼ同量含有され、全小麦タンパク質の80％強を占めます。グルテニンとグリアジンが水と結合して重なり絡み合うことで、弾性や粘性をもった立体的な網目構造のグルテン組織を形成します。グルテニンは弾性に富むが伸長性に欠け、グリアジンは弾性に欠けるが粘性や伸長性に富むので、できあがったグルテンは粘弾性を適度に兼ね備えたものとなります（図3－1）。

グルテンは、さまざまな種類の結合によって、複雑な構造を形成します。結合には、水素を介して電気陰性度の高い部分同士が引き寄せ合う水素結合、グルテンに含まれるアミノ酸の一つ、システイン分子のSH基同士が結びつくジスルフィド結合などがあります。

グルテンの1次構造は、数種類のアミノ酸が500～1000個、規則的に配列され、2次構造はおもに水素結合によって結合することでねじれていく、グルテンへリックスと呼ばれるらせん状になります。この構造をさらに複雑にするのが、SH基の「腕」をもつシステインと呼ばれる含硫アミノ酸です。グリアジン由来のシステインが1本のグルテンに等間隔で存在します。そしてこれらのシステインが、酸化によってジスルフィド結合（S-S結合）することでシスチンと呼ばれる化合物となり、グルテン間に架橋を作ります。この架橋がグルテンを捻じ曲げて、より強くコイル状へ導くとともにグルテンを強化します。パン生地の発酵中に酸化が促進されると、ジスルフィド結合も増加します（図3-2、図3-3）。そしてそれらのグルテンが幾重にも重なり合うことで、パン生地は非常に密度が高い3次構造である網目構造を形成します。さらにこれらが反応し合い、結合、複合することで、絡み合って立体的な4次構造となります。

この弾性にも伸長性にも富んだグルテンの組織が、パン生地の発酵中にイーストが生成する炭酸ガスを、生地中のセル（気泡）内に保持します。その生地が焼成時に加熱されると、水蒸気の発生とともにセル内部のガスが熱膨張することで、パン生地全体が膨張します。さらに加熱が進

一次構造

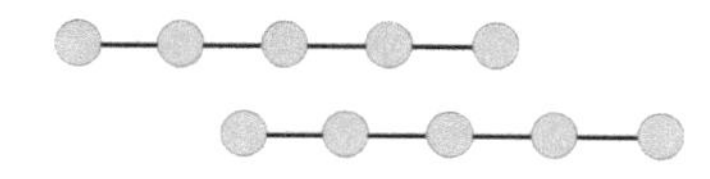

二次構造

三次構造

四次構造

図3-1　グルテンの網目構造

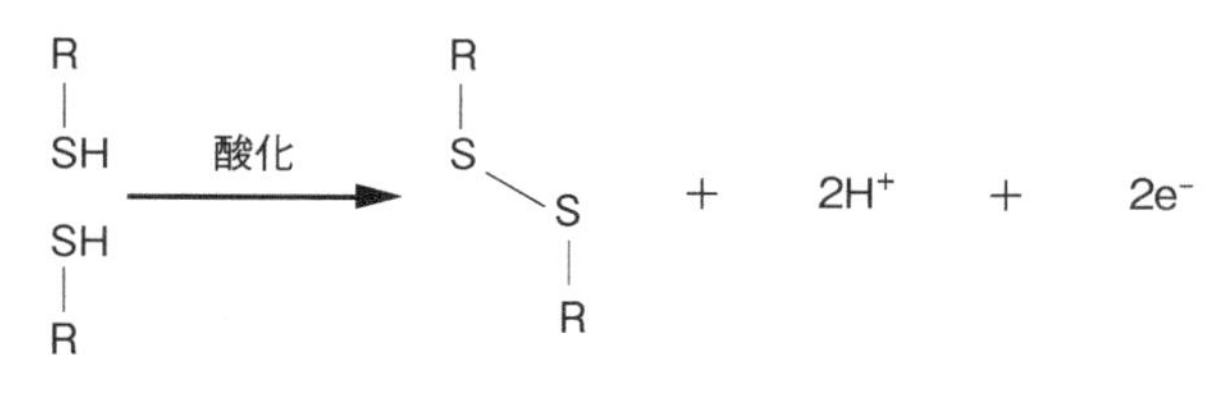

システイン　　　　　　　シスチン

R：グルテン中のシステイン（含硫アミノ酸）

図3-2　グルテンの構造を複雑にするS-S結合

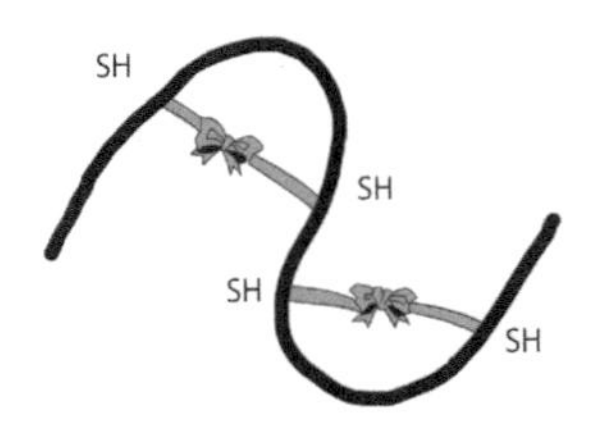

図3-3　S-S結合によるグルテンの変化のイメージ

むと、グルテンそのものが熱凝固するので、焼き上がったパンのクラムを弾力のあるスポンジ状に保つことができるわけです。すなわちグルテンはパン生地の段階でも、焼き上がったパンにおいても、常にパンの骨格としての役割を精一杯果たしています。

グルテンの弾性と粘性

グルテン中の、グリアジンは粘性と伸長性に富み、グルテニンは弾性に富むといった元々の性質は前述したとおりですが、ここでグルテンそのものの弾性と伸長性について少し解説を加えます。

ミキシングなどにより完成したグルテンは、３次、４次構造をもつポリペプチド（アミノ酸がペプチド結合した高分子）の集合体の、密度の高いコイル状の構造になっています。ペプチド結合とは、アミノ酸同士の結合で、アミノ基（$-NH_2$）とカルボキシル基（$-COOH$）から脱水してできる結合です（図３-４）。コイル状になって緊張したグルテンがバネ化していると想像してください。バネは一方向の張力や圧力に対して反対方向の抗力が働くので、復元性が高くなります。これをグルテンに置き換えると、弾力性のあるグルテンチェーンとなります。ただ、若干の時間の経過や温度変化によって、グルテンチェーンは弛緩します（図３-５）。これをグルテンのリラクゼーションとも呼び、弾性が軽減され逆に伸長性や伸展性が向上します。

弛緩したグルテンに再び物理的な力（揉む、叩くなど）が加わると、そのグルテンは弾性を回復します。すなわちグルテンは疲労してその性質を失うまでは、「緊張と緩和」の繰り返しが可能となります。実際のパン作りには、この弾性の「緊張と緩和」を活用していますが、そのときのパン生地におけるグルテンの働きについては第5章にて解説します。

グルテンに含まれる小麦タンパクのグルテニンとグリアジンの性質の違いは、それぞれの化学

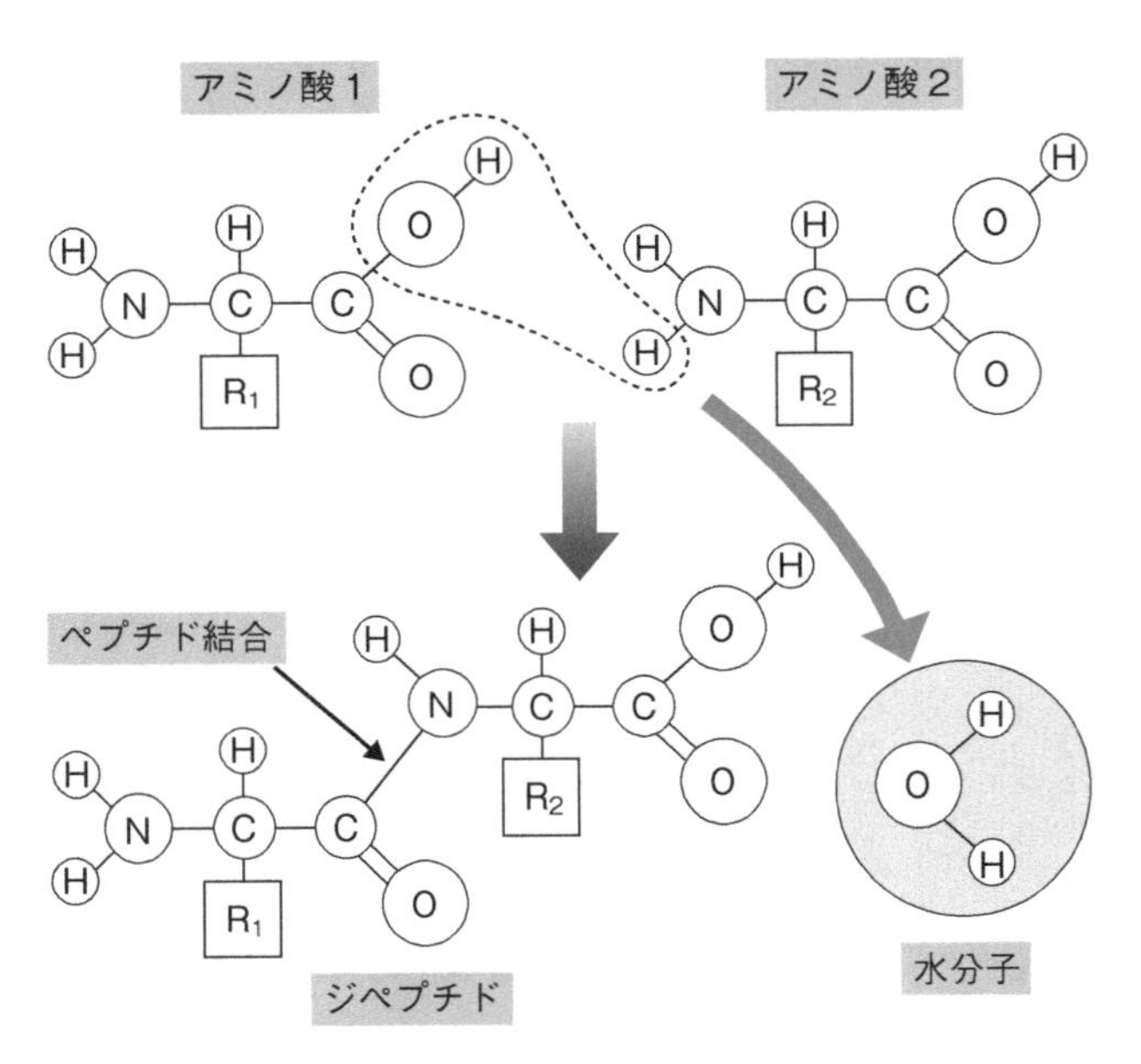

図3-4　アミノ酸とペプチド結合

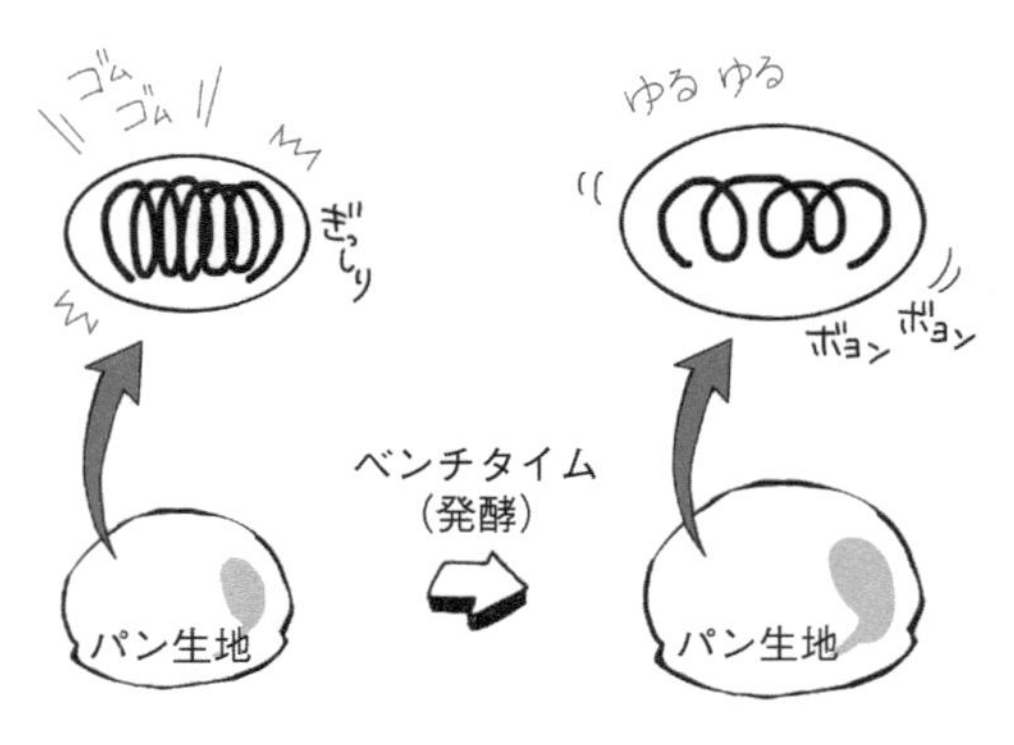

図3-5　グルテンの緊張と弛緩

的な構造の違いから生じます。

　グルテニンは、他のグルテニン分子とジスルフィド結合によって次々とその分子を結合させるので、巨大なポリマー（高分子化合物）となります。グルテニンのポリマーはグルテニン分子の数が増えれば増えるほど、その性質も増幅させるので、グルテンにおける弾性もより強くなります。

　それに対してグリアジンは、一本のポリペプチドチェーンが折りたたまれて一塊となり、それぞれ単体で存在します。単一分子の集合体なので、柔らかくてビヨーンと伸びる性質がありま す。グリアジンを棒の先にひっかけて引き上げると細い糸のように伸びます。これをグリアジンのもつ伸長性・伸展性と呼び、グルテンにおいてもそれらの性質をいかんなく発揮しています。さらに、次の項で説明するデンプンとの関係ですが、グリアジンはネバネバ・ベタベタといった「粘性」もあわせ持つので、グルテン間やその周辺にデンプンやその他の原料粒子や分子を接着することができます。それによりパンの骨格となるグルテンとグルテンの間にデンプンの壁を作ることが可能となるのです。よって、グリアジンはパン生地における接着剤の役割を担うわけです。

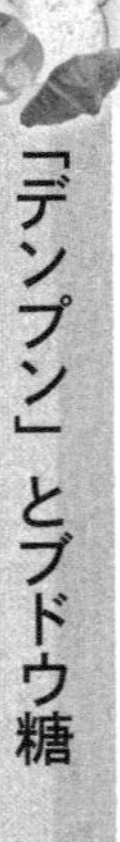

「デンプン」とブドウ糖

グルテンがパンの骨ならば、デンプンはパンの肉（身）といえます。

パン生地には、発酵により形成された粘弾性をもつ立体的なグルテンが骨格としてあり、その中に無数のセル（気泡）が存在します。セルの周りやグルテン間の隙間には、生デンプンやその他の原料分子が所せましと付着しています。小麦粉中の70％が生デンプンで、後述する健全デンプンと損傷デンプンに大別されます。

ここで、デンプンの化学的な構造について解説します。

デンプンは、多くのブドウ糖（グルコース）がグルコシド結合（グルコース分子間で脱水縮合し、オリゴ糖や多糖を形成する結合）した高分子多糖類です。つまりブドウ糖がn個つながったもの（n＝数百〜数千個）です。ブドウ糖（$C_6H_{12}O_6$）の分子量は12×６＋１×12＋16×６＝１８０となるので、ブドウ糖がたとえば５００個つながっていたら、そのデンプンの分子量は約９万となり、５０００個つながっていたら約90万となります（実際には多糖類は（$C_6H_{10}O_5$）nなどとなるため、約をつけています）。

また、結合しているブドウ糖の個数で呼び名を変え、１個ならブドウ糖（単糖類）、２個は麦

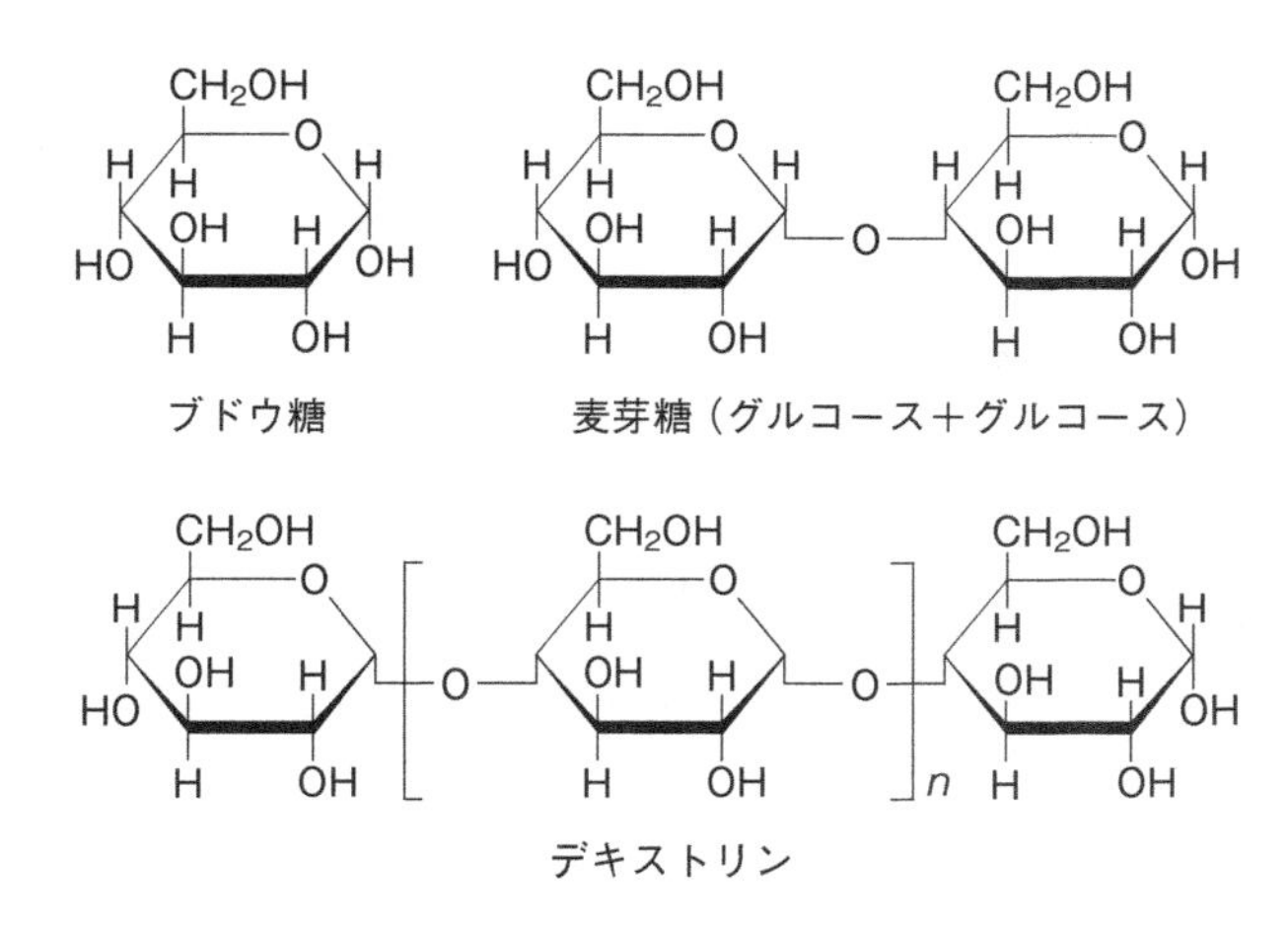

図3-6　ブドウ糖、麦芽糖、デキストリンの構造式

芽糖（二糖類）などとなり、数個結合しているオリゴ糖、20～30個のデキストリンなど多くの種類があります。デンプンはブドウ糖が数十個から数十万個結合したチェーンが毛糸玉のようにグルグルと巻かれた状態で存在し、球状もしくはやや楕円球状の形状をなしています（図3－9参照）。また、粒の大きさもさまざまで4～40㎛（マイクロメートル。1マイクロメートル＝1000分の1㎜）、平均的なサイズは10㎛程度になります（図3－6）。

「デンプン」がパンの身を作る

ブドウ糖の結合でできているデンプン中には、その結合の仕方が異なるアミロースとアミロペクチンがあります（p.67参照）。ここで温度とともにそれらが変化していく様子を追っていきましょう。

そのまえに「結合水」と「自由水」について簡単に説明しておきます。食品中に含まれる水分の一部は成分に引きつけられます。その引きつけられている水のことを「結合水」といい、結合せずに自由に動き回ることのできる水を「自由水」といいます。デンプンは、粒そのものがしっかりしているため、生地の発酵中において生地中の自由水と水和することもなく、変化・変性することはありません。

加熱・焼成前の生地温度は最高でも37〜38℃ですが、生地中の生デンプンの著しい変化は、生地を焼成することではじまります。オーブンに入れると、生地は徐々に温度が上昇しますが、その温度上昇とともに一部のデンプン粒が吸水─膨潤─崩壊─分散といったデンプンの糊化現象の過程を経て、最終的にグルテンとともにパンのクラムへと変化していきます。

まず生地温度が50℃前後でデンプン粒が生地中の自由水を吸収しはじめて、60℃付近で膨潤をはじめます。70℃を超えると十分に膨潤したデンプン粒の外膜がゆるみ、その隙間から粒の中にあるアミロースが流れ出すことで、急激に粘度が高まり全体がゲル化して糊化します。なお、デンプン粒が膨潤すれば粒からアミロースが流出しますが、アミロペクチンは粒の中に残り、粒の形は球〜楕円球状を維持します。パン生地中のデンプンは82〜83℃で糊化のピークを迎えて、その後水分が水蒸気となって気化することで糊化デンプンは白濁して固化をはじめます。97〜98℃

まで温度が上がり余分な水分が蒸発すると、糊化デンプンは完全に固化して乳白色のクラムを形成する主役となります（図３－７）。

このようにデンプンが形を変える過程の中では、糊化現象が重要な役割を担っています。それはゲル化した糊化デンプンの接着剤としての役割です。

実はパン生地中のすべてのデンプン粒が糊化できるわけではなく、一部のデンプン粒のみ吸水―膨潤―崩壊―分散の過程を経て糊化現象をおこすことができます。デンプンはwater drinker（水呑み）なので、大半のデンプンが糊化するためには、デンプン量の10倍程度というとんでもない量の水が必要となります。実際にはしないことですが、実験的にやってみるとどうなるか――アミロースは水溶化し、通常は流出しなかったアミロペクチンまで流出して、完全に粒が崩壊してしまいます。ところが現実はパン生地中のデンプン量：水量＝１：１程度が標準的なので、デンプンにとっては非常に水不足の環境といえます。また「どのデンプン粒が糊化するか？」はわれわれには特定できず、すなわち「神のみぞ知る」ということになります。

そういった理由で、糊化したデンプンと糊化していないデンプンの二つの状態のデンプンが存在することになります。そのために何がおこるかというと、粘性の高い糊化デンプンが糊化しなかった大半のデンプン粒もいっしょにつなぎ止めて、密度の高い壁をグルテン間に作り上げるのです。これにより構造のしっかりしたパンのクラムが形成されます。

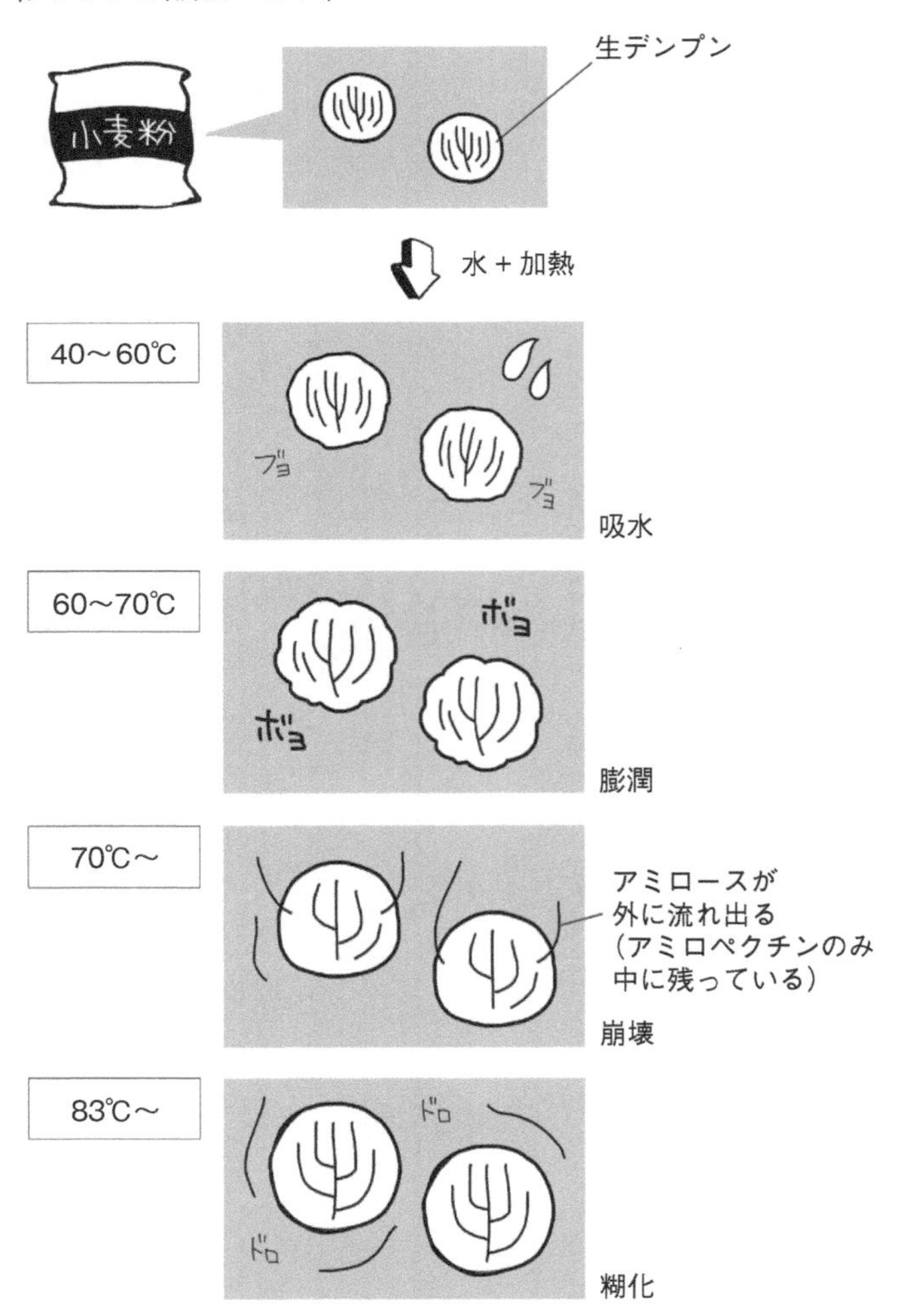

図3-7　各温度帯のデンプン粒の変化

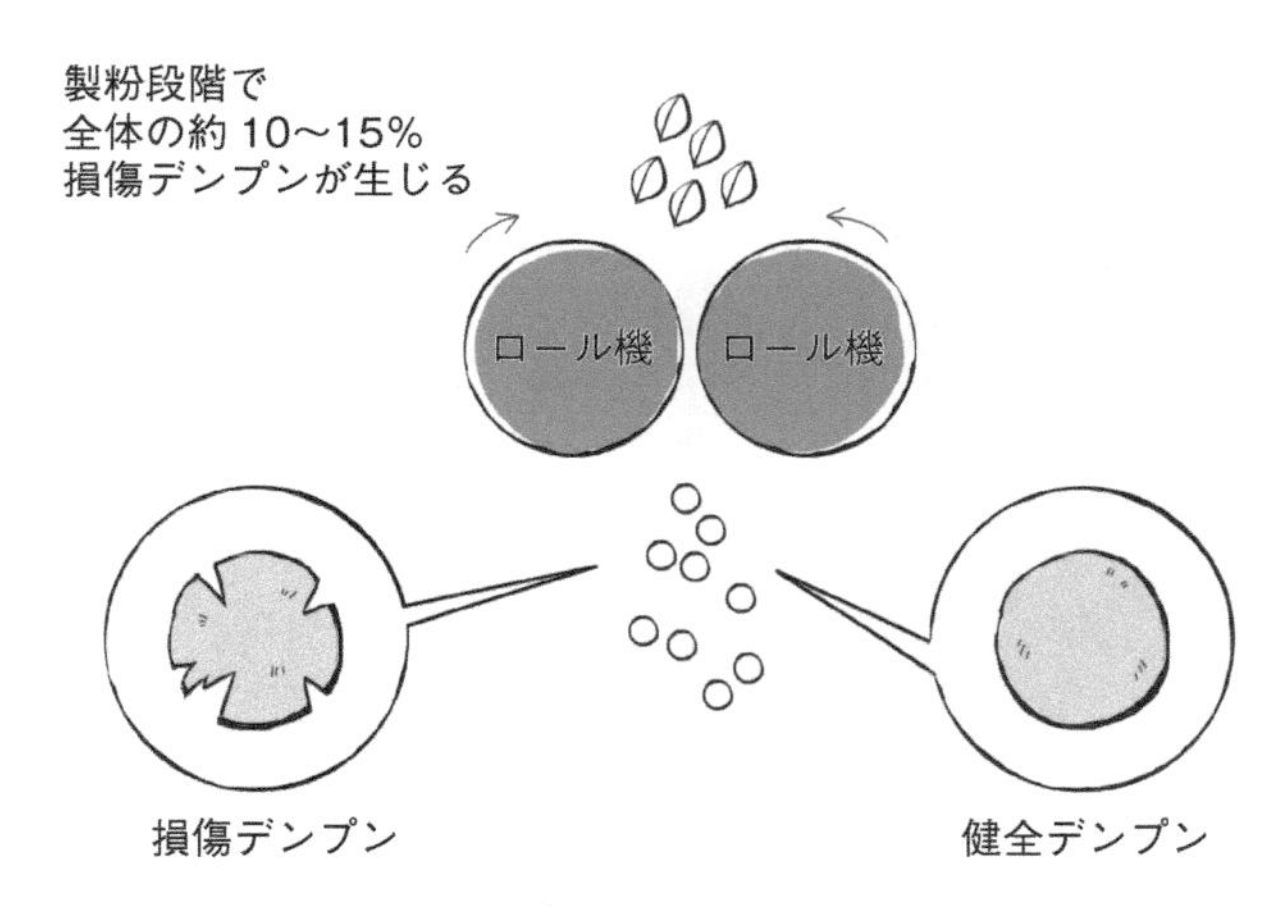

図3-8　健全デンプンと損傷デンプン

通常、健全な小麦デンプンは球状かやや楕円球状をしていますが、製粉時に、小麦粒がロール機などを通過するときの圧力・せん断・摩擦熱などの物理的な力が加わることによって損傷（開裂）が生じます。この割れや傷があるデンプン粒を損傷デンプンと呼び、デンプン中の10〜15％を占めます。そして、製パンにおいてはこの損傷デンプンが思わぬ効果をもたらします（図３－８）。

損傷デンプンは、まずミキシング時や生地の発酵中に、傷の部分から水を吸収して水和します。その結果、非加熱時におけるα-アミラーゼ、β-アミラーゼ（小麦由来）といったアミラーゼ群（デンプン分解酵素）の活性を高め、デンプンをデキストリンと麦芽糖に分解します。その後、マルトース透過酵素（イースト由来）によって一部はイースト内に取り込まれ、マルターゼによってブドウ糖にまで分解され、イーストの栄養源となります（p.78参照）。そのためイーストが活性化し、生地の発酵・膨張を助成します。

化学反応として何がおこっているかというと、まずイーストの栄養源となるブドウ糖や麦芽糖を分解して、炭酸ガスとエタノールを生成します。それによって産出された炭酸ガスはパン生地の膨張源となり、エタノールはパンの風味や香味の元となります。

さらに、デンプン分解酵素によって糖化された麦芽糖は、パン生地の焼成時においてキャラメル化の原資となるので、クラスト（外側の焼き色の部分）の色づきを促進します。また、麦芽糖はシロップのような液化した状態にあり、パン生地が多少軟化するので、結果パン生地の伸長性・伸展性の改善を助成します。損傷デンプンは美味しいパンを作るのに一役も二役も買うのです。

焼成時においては、デンプンは生地温度の上昇とともに45℃から60℃の間でα-アミラーゼ、β-アミラーゼが非常に活性化するので、大半の損傷デンプンは糊化するまでもなくブドウ糖に糖化します。すなわち損傷デンプンは比較的少量の水で糖化されるので、水の消費を節約できます。節約できて残った水は、デンプンの膨潤・糊化に使われるので一石二鳥といったところ。ちなみにα-アミラーゼ、β-アミラーゼは60℃前後を超えると徐々に活性を低下させ、70℃前後で失活するので、デンプンの糊化に影響はありません。

いわば傷ものの損傷デンプンが製パンにはなくてはならない存在となっていることは、これでおわかりになると思います。まさに「けがの功名」といったところでしょう。

余談ですが、製粉時に壊れなかった健全な生デンプンはだいたい中心部に「粒心」(hilum)と呼ばれる結晶構造をもっています。生デンプンを偏光顕微鏡で見ると光が結晶部分で反射・屈折して「マルタの十字架」(Maltese cross)と呼ばれる十字架が浮かんできます。この十字架模様はデンプン粒が加熱・膨潤することで消えて見えなくなるので、「マルタの十字架」は健全・生デンプンの証とされています。

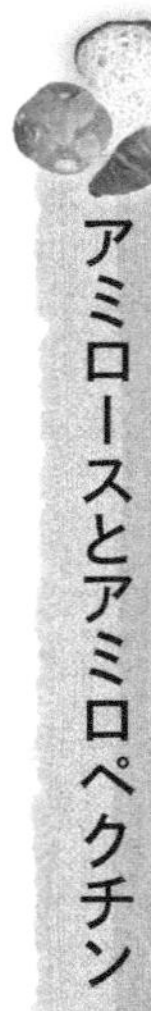

アミロースとアミロペクチン

グルコース(ブドウ糖)のつながりがデンプンになると述べましたが、実はそのつながり方には2種類あります。一つはα-1、4グルコシド結合によって直鎖状のチェーンがらせん状に巻いているアミロース。もう一つはα-1、6グルコシド結合によって枝状に分岐したのち、ブランチはアミロースと同じくα-1、4結合しているアミロペクチンです(図3-9)。

小麦デンプンにはアミロースとアミロペクチンがおおまかに1：3の割合で含まれています。また、平均的なアミロースはグルコースユニットが200～2000個、アミロペクチンは数千

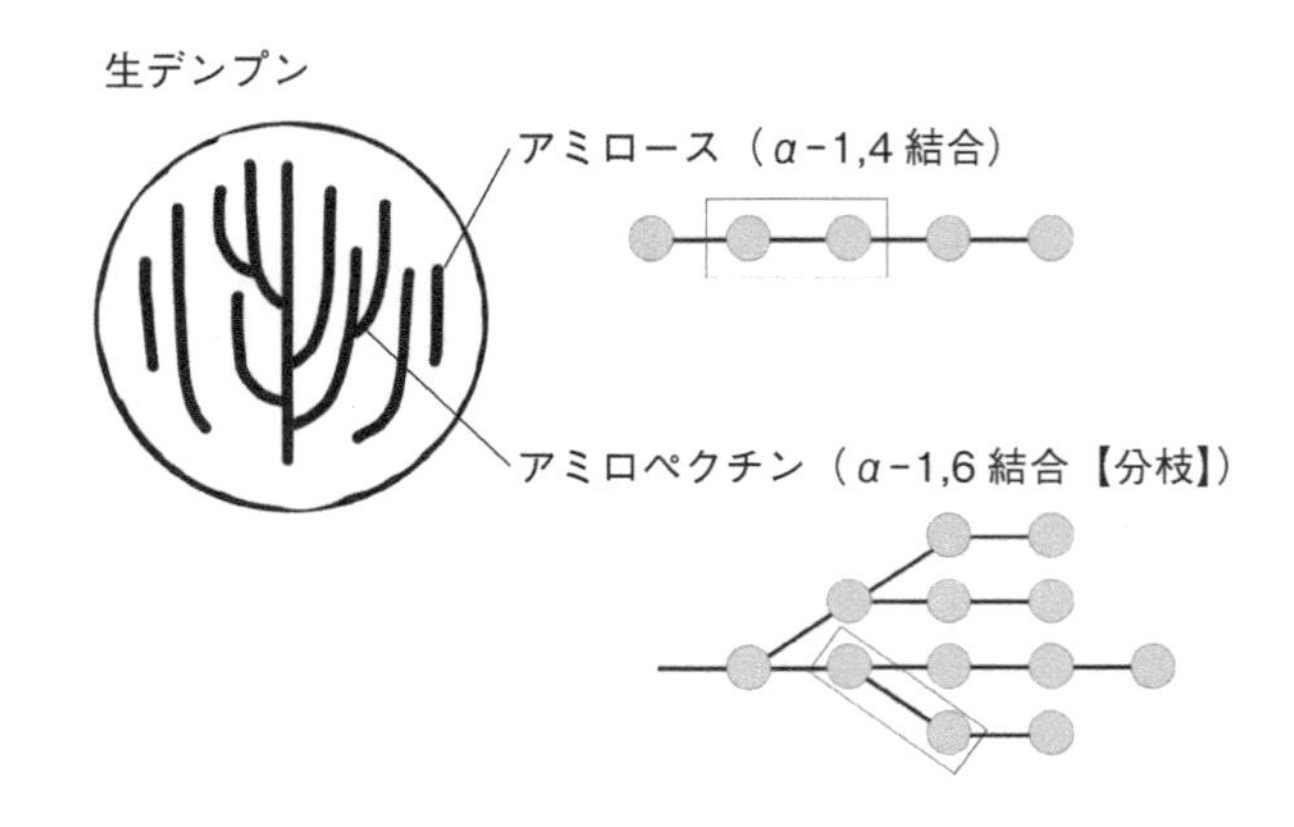

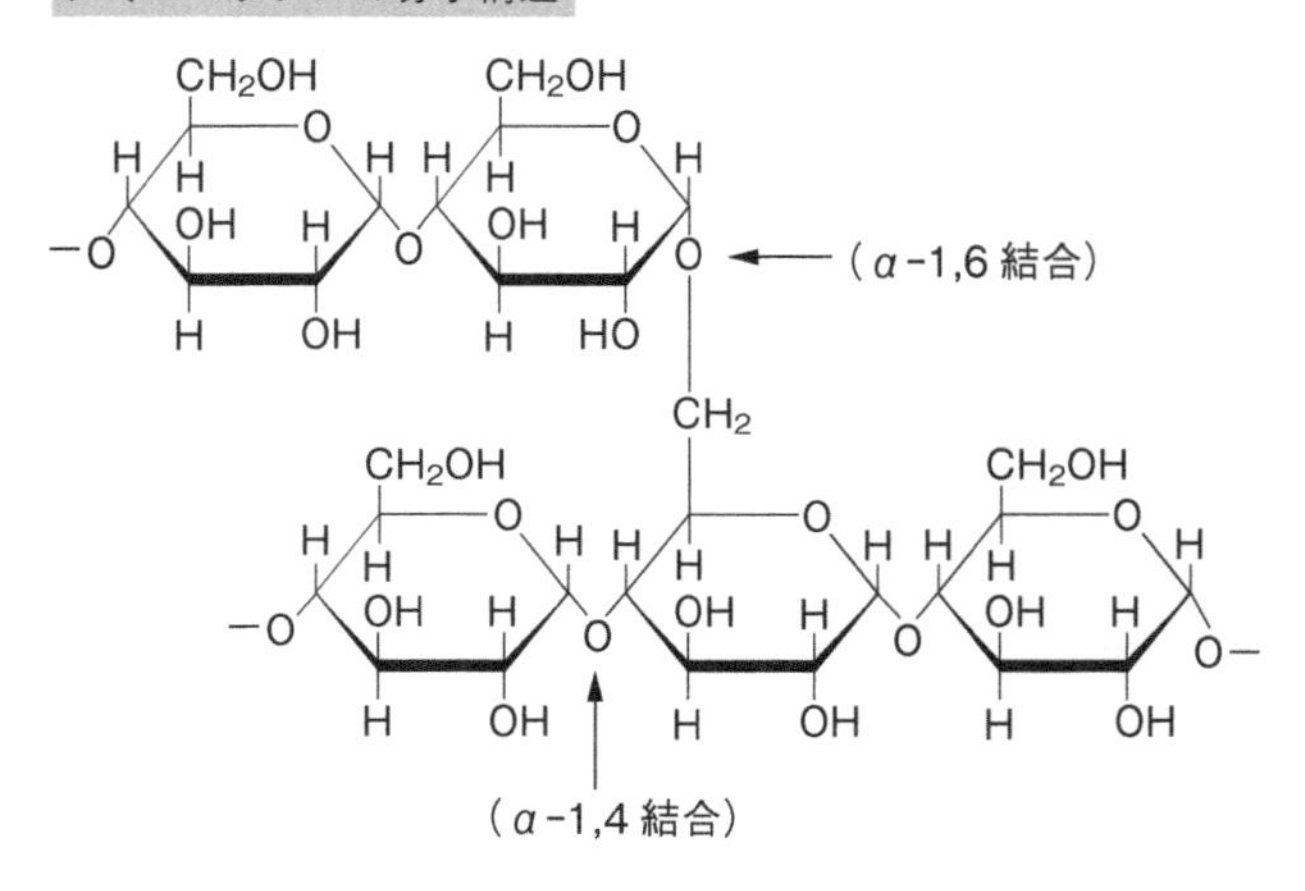

図3-9　アミロースとアミロペクチン

個程度結合しています。さらに大きいデンプン粒では、分子量が100万を超えるものも存在します。

デンプンは、枝状に分岐したアミロペクチンの分子が並び、その間の所々にアミロース分子が介在した「ミセル構造」を作っています。生デンプンでは、ミセル構造は分枝間の間隔が狭くて密度が高いのですが、糊化状態では分枝間の間隔が広がり、その密度は低くなります。さらに一度糊化したデンプンが冷却されると、ふたたび分枝間の間隔を狭めます。ちなみにこの状態をデンプンの「老化」と呼んでいます。

さて、損傷デンプンは小麦由来のアミラーゼ群、イースト由来のマルトース透過酵素、マルターゼによって、その大半は最終的にブドウ糖にまで糖化されます。アミラーゼ群はα-アミラーゼ、β-アミラーゼ、イソアミラーゼ、グルコアミラーゼ（グルコシダーゼ）の4種類に大別されます。

小麦デンプンは、まず、α-アミラーゼがデンプン中のアミロースとアミロペクチンを不規則に切断してデキストリンやオリゴ糖に分解します。次に、β-アミラーゼが直鎖型のデキストリンやオリゴ糖をブドウ糖2個ずつの麦芽糖ユニットに切断します。β-アミラーゼはα-1、6結合の分枝部に突き当たるまで、麦芽糖ユニットに切断しますが、残ったデキストリンはリミット（限界）デキストリンと呼ばれ、パン生地に残存してこれ以上分解されません。

ここからは余談ですが、工業的にはその先の分解が可能です。残ったリミットデキストリンをイソアミラーゼ（枝切り酵素）が枝切りして、最後にグルコアミラーゼ（アンカー型酵素）がブドウ糖に分解します。これで１００万を超える分子量のデンプンの１００％をブドウ糖に糖化でき、この分解システムを「デンプンのアミラーゼによる糖化」と呼んでいます。実際のパン作りではすることはありません。

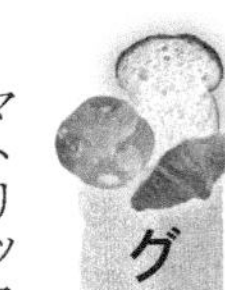

グルテンマトリックス中のデンプン粒

マトリックスとは数学上では行列、生物学上は細胞間・細胞間質という意味ですが、筆者はキアヌ・リーブス主演のハリウッド映画「マトリックス」をつい思い出してしまいます。そのマトリックスとは、コンピューターの母体から生み出される「仮想現実空間」であったりしますが……。

閑話休題、グルテンマトリックスとは、先ほどから登場しているセル（気泡）のことです。いくつものグルテンへリックスがジスルフィド結合や交差をすることによってできる、グルテン間にできる微小な立体空間のことを指します。パン生地の場合は骨格となるグルテンの柱と柱の間にデンプンや損傷デンプン、水分子が中心となり、ぎっしり詰まった壁を作ります。イメージと

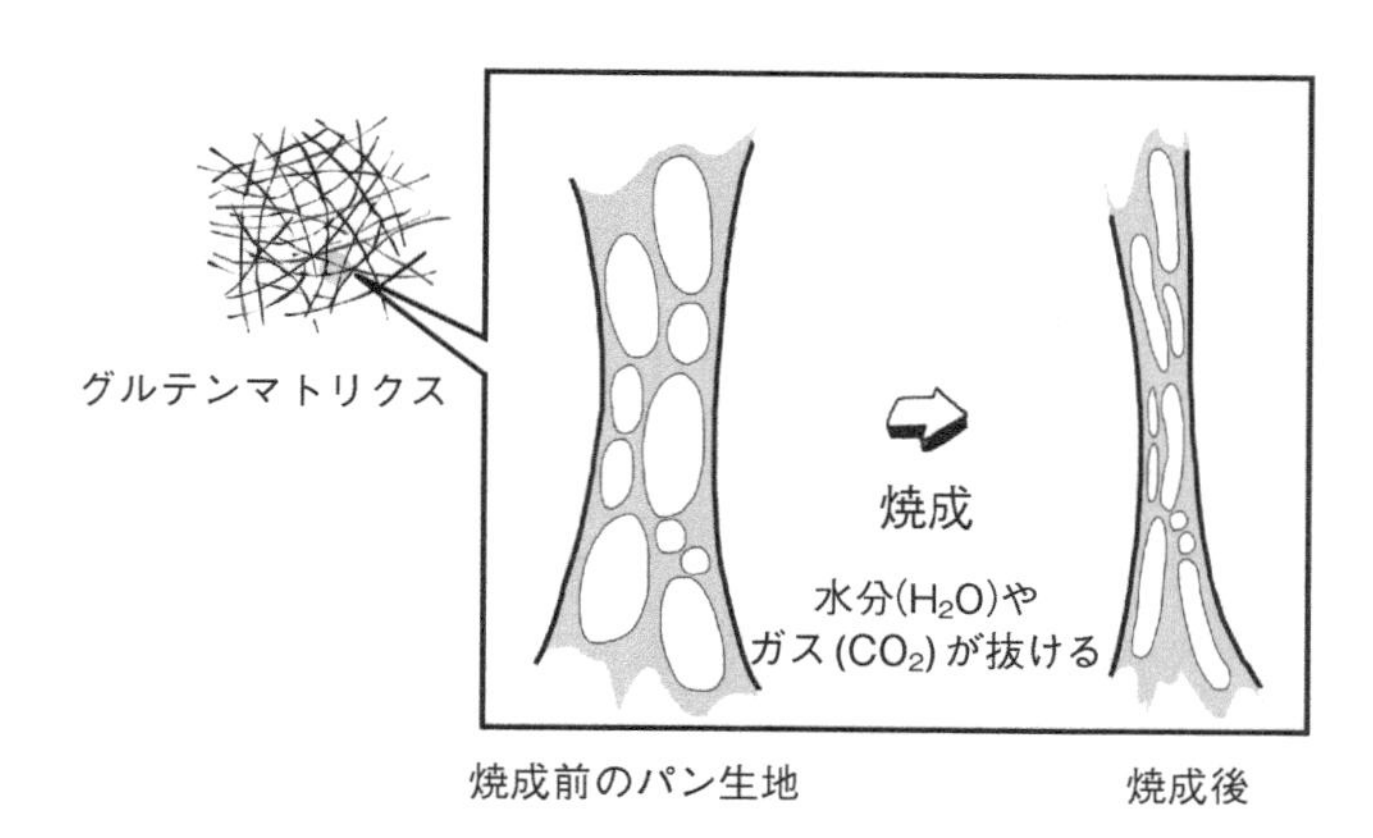

図3-10　デンプンマトリックス中のデンプン粒の変化

しては、図３－10のようになり、パン作りの工程によって変化します。

イーストやその他の原料分子も存在するマトリックスの中身は「ご飯とおかずが詰められた幕ノ内や松花堂弁当」といったところでしょう。

四つの主役　②イーストの科学

パン用酵母と醸造用酵母の違い

「酵母」と一口にいっても、現在確認されているだけでも数百種は超えます。その中で、食用においては、「サッカロマイセス・セレビシエ」属種の酵母が、有機化合物を分解して「アルコール」と「炭酸ガス」を生成します。一般的にサッカロマイセス・セレビシエは発酵飲料や食品などに用いられている、馴染みのある酵母です。その形状は球状もしくは楕円球状で直径3～14㎛の細胞膜をもった単一細胞（水分含有：約80％）をなしています。

パン酵母もサッカロマイセス・セレビシエの一種ですが、日本酒やウイスキー、ワイン、ビールにも同じ属種の酵母が使われています。ワインの一部にはサッカロマイセス・バイアヌス（*S. bayanus*）、ラガービールにはサッカロマイセス・カールスベルゲンシス（*S. carlsbergensis*）など、サッカロマイセス属の別の種も使われています。これらに共通しているのはより多くの飲料用のエタノールと炭酸ガスを産出することです。パンの場合は、前述したようにエタノールはパンの風味や香味の元となり、炭酸ガスはパン生地の膨張源となるわけです。

$C_6H_{12}O_6$（ブドウ糖）→$2C_2H_5OH$（エタノール）＋$2CO_2$（炭酸ガス）＋放出エネルギー

これらの酵母は人間が一人一人顔かたちや性質が違うのと同様、グループや属種が同じ酵母でも菌株ごとに性質が違うので、それぞれの働きに違いが生じます。パン用酵母はパン生地の発酵・膨張が主たる目的となるので、エタノールの産出は少なく、炭酸ガスを多く産出するタイプの酵母を選定しています。一方、醸造用の酵母は主たる目的がエタノールの産出にあるので、そ

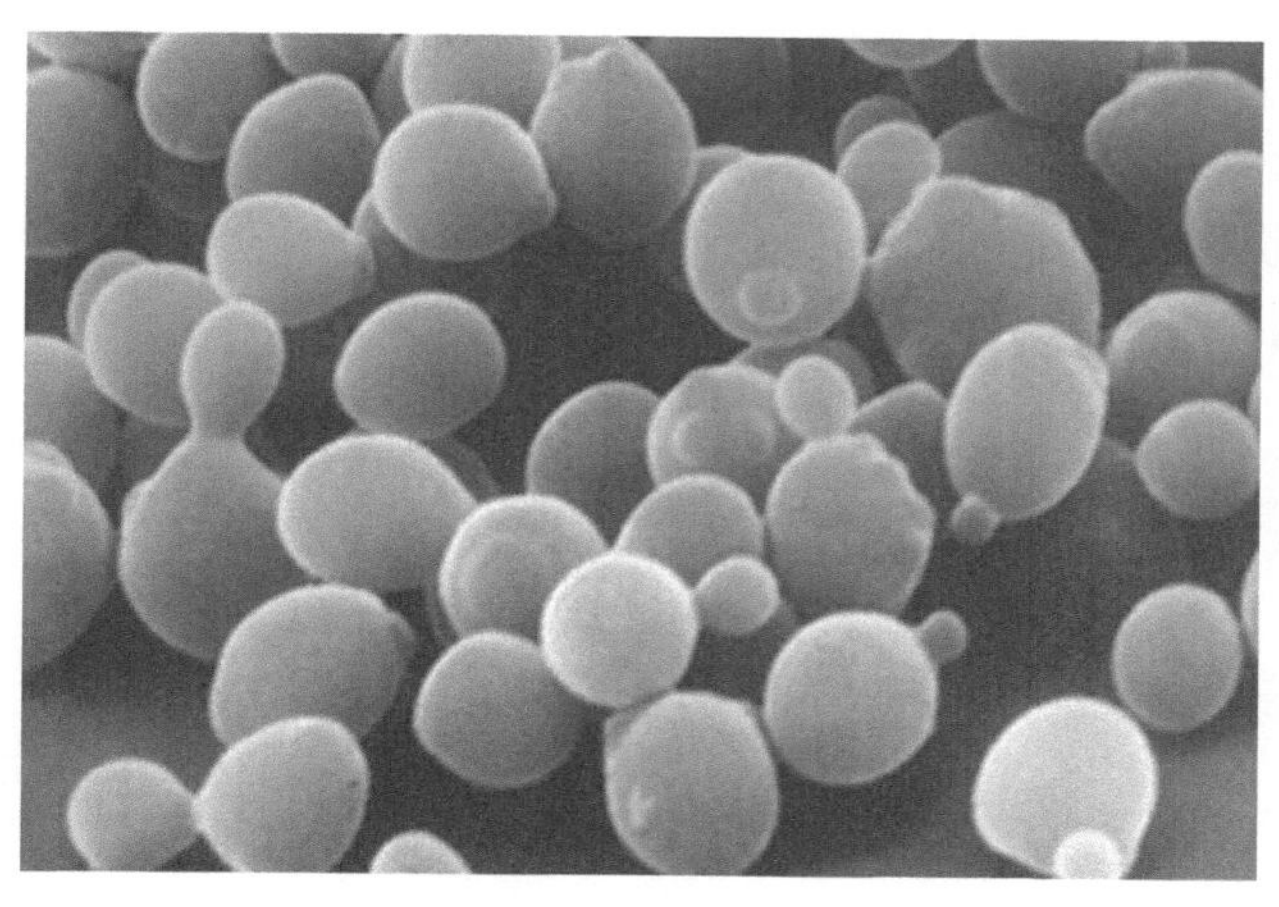

図3-11　出芽中の酵母
（写真提供：オリエンタル酵母工業株式会社）

れに長けた酵母を選定しています。現在でこそ、それら酵母の遺伝子の違いが生物学的にもいろいろと分析され、使い分けられていますが、これらの分析は所詮、後付け論であって、実は人類が数千年以上かけて試行錯誤を繰り返した結果の産物であることを忘れてはならないでしょう。

ところで、ビール酵母やパン酵母は自然界のどこに棲んでいると思いますか？　サッカロマイセス・セレビシエは木の樹皮、樹液や果実、または穀物・豆類・根菜類の種子や根、そして野菜の茎や葉の表皮に多く生息しています。つまりデンプンや糖質を多く含む部位に棲んでいるのです。また、それらを取り巻く土壌からも多く検出されています（図３－11）。

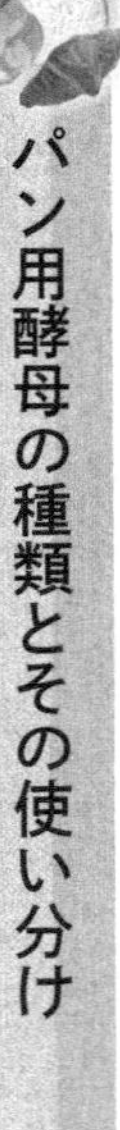

パン用酵母の種類とその使い分け

パン用酵母は生イースト、アクティブ・ドライイースト、インスタント・ドライイーストの3種類に分けられます。まず、それぞれのイーストの使い分けですが、日本ではソフト&リッチタイプのパンには主に生イースト、ハード&リーンタイプのパンにはアクティブ・ドライイーストやインスタント・ドライイーストが使用されています。このようにパンの種類別に使い分けされていることが多く、製作者がそれぞれのイーストをケース・バイ・ケースで選別しています。また、リテイルベーカリー向けの、より専門的なセミドライイースト（インスタントタイプ）のものも人気があります。

以下それぞれのイーストの特徴や使途について簡単な説明を加えます（表3－1）。

■生イースト

工業的に最も早く開発された生イーストは汎用性が高いので、日本ならびに世界レベルで最も多く使用されています。また、冷蔵用・冷凍用のイーストも開発されており、大手パンメーカーから街の個人商店であるリテイルベーカリーまで幅広い支持層をもつイーストです。水に簡単に

		水分（%）	使用法	保存期間
パン酵母（生イースト）		65〜70	水中に投入し、よく攪拌後使用	約３週間
乾燥酵母	粒状（アクティブタイプ）	7〜8	40℃の温水にて約20分間予備発酵後使用	6〜12ヵ月
	顆粒状（インスタントタイプ）	4〜4.5	粉の中に直接混ぜ込み使用	1〜2年

表3-1　生酵母とドライイーストの違い

溶けるので使い易いという利点はありますが、冷蔵保存が条件なのでその設備投資と場所の確保が必要条件となるという欠点もあります。また、消費・賞味期限が短い生ものなので、先入れ・先出し管理（先に入荷したものから順に使用していくこと）が重要となります。

■アクティブ・ドライイースト

欧米で１９４０年代に開発された粒状のアクティブ・ドライイーストは、生イーストの素になるドロッとしたペースト状のものを低温と温風（30〜40℃）で数時間乾燥させたものです。生イーストに比べて余分な水分を１／10程度まで減少させ乾燥させてあるので、実菌数が２倍程度でその活性は生イーストの２・５倍前後となります。机上の計算だけでいえば、生イーストを10g使用する場合、アクティブ・ドライイーストであれば４gで足りることになります。アクティブ・ドライイーストはミキシング前段階の予備発酵が必要となり、決して簡便ではありませんが、イースト臭や発酵時のにおいが好ましい芳香なので、こだわりのリテイルベーカリーのシェフたちが好んで使用しているようです。

■インスタント（ラピッドドライズ）・ドライイースト

1970〜80年代のほぼ同じ頃にアメリカとフランスで発表された画期的なインスタント・ドライイーストはアクティブ・ドライイースト同様、イーストの素になるドロッとしたペースト状のものから作ります。これをフリーズドライ（凍結乾燥）によってサラサラの顆粒状に加工するので、実菌数が3倍強でその活性は非常に強く、生イーストの4〜5倍前後となります。前述の生イーストを10g使用する場合、インスタント・ドライイーストであれば2〜2・5gで十分ということになります。小麦粉に混ぜて使用できて簡便なうえ、未開封であれば2〜3年間常温保存できます。開封後も密閉容器に入れて冷蔵庫で保管すれば、半年程度はその活性を落とさずに十分に使用できるといった優れものです。今日ではヨーロッパをはじめ特に温帯・熱帯地方の国々で非常に重宝されています。

ここでざっと凍結乾燥についての説明を加えておきます。凍結乾燥とは真空と超低温を利用して物質を乾燥させる方法で、真空凍結乾燥とも呼ばれています。水は真空下では液体として存在できません。なので、イーストや食品などを凍結させ、マイナス20℃からマイナス50℃という低温のまま、氷を水蒸気に昇華（固体から直接気体になること）させると、熱で変性することなく物質が乾燥するのです。

■セミドライイースト

街のリテイルベーカリーで最近はやりのドライイーストです。形状は顆粒タイプですが、未開封で約2年間の保存期間があります。セミドライイーストは生イーストとドライイーストの中間的な水分量（8〜15％）で水に溶けやすく、粉に合わせて必要なときに必要な分だけササッと使用できるので簡便ですが、開封後は密閉容器で冷蔵もしくは冷凍保存が必要となります。

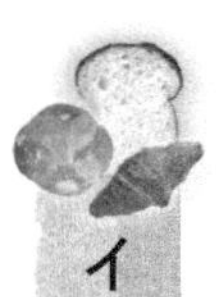

イーストは大の甘党!?

前述のように、パン生地中のイーストは大半が無酸素下でアルコール発酵しています。そして単糖類のブドウ糖（グルコース）や果糖（フルクトース）を主たる栄養源として細胞内で代謝することで炭酸ガスとアルコールを生成します。では実際にイーストはどのようにして、ブドウ糖や果糖を摂取しているのでしょうか。砂糖（ショ糖／スクロース）が添加されない場合と添加される場合を比較して考えてみましょう。

ショ糖が添加されない場合は、小麦粉に含まれる損傷デンプンを小麦由来の糖質デンプン分解酵素のアミラーゼ群が二糖類の麦芽糖（マルトース）にまで糖化します。次にイーストが体内にもつ麦芽糖透過酵素が、細胞外にある麦芽糖をレーダーでキャッチして細胞膜を透過させ、細胞内に取り込みます。細胞内に取り込まれた麦芽糖はマルターゼ（マルトース分解酵素）によってブドウ糖（グルコース）2分子に糖化されます。そして最後にチマーゼ（解糖系酵素）がブドウ糖を代謝してイーストのエネルギーや生成物となります（図3－12）。

ショ糖が添加される場合は、イーストはなぜかショ糖透過酵素をもっていないので、ショ糖の細胞内への受け入れを拒否します。麦芽糖もショ糖も二糖類で分子量は同じですが、ショ糖はブドウ糖＋果糖、麦芽糖はブドウ糖＋ブドウ糖と分子構造が違います。イーストのもつ麦芽糖透過酵素は構造の違いをしっかり探知するのです。そこでイーストは細胞外にあるショ糖もエサにすべく、細胞膜付近にあるインベルターゼ／スクラーゼ（インベルトース／スクロース分解酵素）を放ち、ショ糖をブドウ糖と果糖に糖化します。次に細胞内にあるブドウ糖透過酵素と果糖透過酵素を使って、ブドウ糖と果糖を別々に細胞内に取り込みます。細胞内に取り込まれたブドウ糖と果糖は最終的にチマーゼによって代謝され、エネルギーや生成物となります（図3－13）。

以上イーストは大量のブドウ糖と果糖をバクバク食べ、それをアルコール発酵するためのエネルギーに換えて、炭酸ガスとアルコールを生成します。糖質はイーストの栄養源となるため「イ

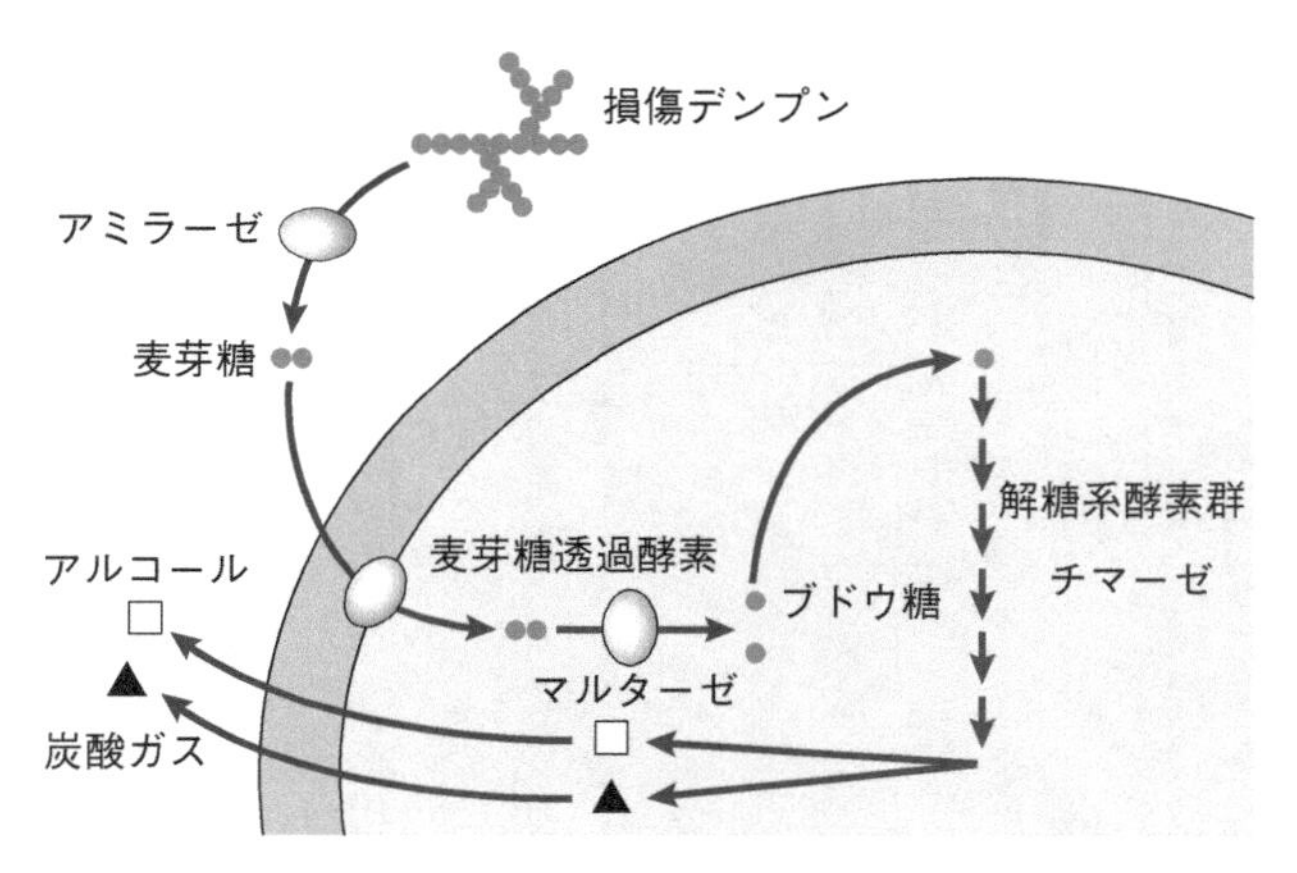

図3–12　パン酵母の生地中での働き（ショ糖が添加されていない場合）

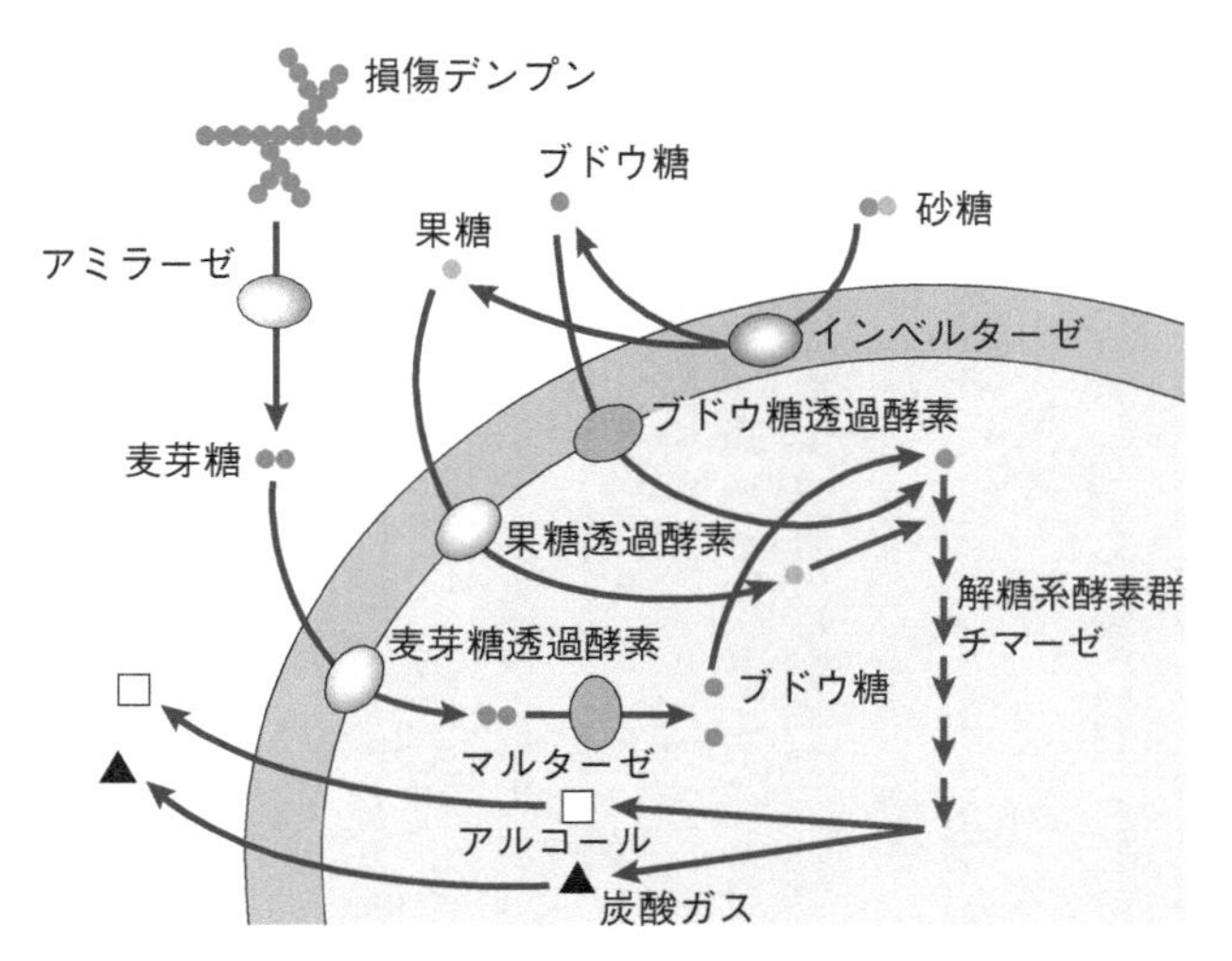

図3–13　パン酵母の生地中での働き（ショ糖が添加されている場合）

ーストは大の甘党」といわれるのです。

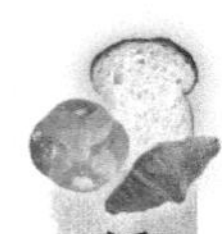

低ショ糖型と高ショ糖型イーストの違い

今日では業務用イーストは多様化しており、大手パンメーカーなどではPB（プライベートブランド）のイーストによって商品の差別化・区別化も進んでいます。特に生イーストでは、標準タイプに加えて麦芽糖高発酵性用（高マルターゼ活性）、超耐糖性用、冷蔵生地用（低温感受性）、冷凍生地用などといった多くの種類で市場が賑わっています。ここでは、その中でも家庭やリテイルベーカリーでよく使用されている、ルサッフル社のインスタント・イーストを例にとって、低糖パン用（低ショ糖型）と耐糖パン用（高ショ糖型）の違いについて話を進めます。

低ショ糖型イースト（赤ラベル）は、砂糖（ショ糖）の添加量が皆無もしくは少ない配合のパンに使用し、高ショ糖型イースト（ゴールドラベル）は砂糖の添加量の多いパンに使用します。

砂糖の配合の多少でイーストを使い分ける理由は少々複雑なので、①パン生地のショ糖濃度とイーストの関係について、②低ショ糖型イーストと高ショ糖型イーストについて、③マルターゼとインベルターゼの働きの違いとパン生地に対する影響力について、④実践に則した低糖パン用（低ショ糖型）と耐糖パン用（高ショ糖型）イーストの使い分けについて、の4点に分けて解説

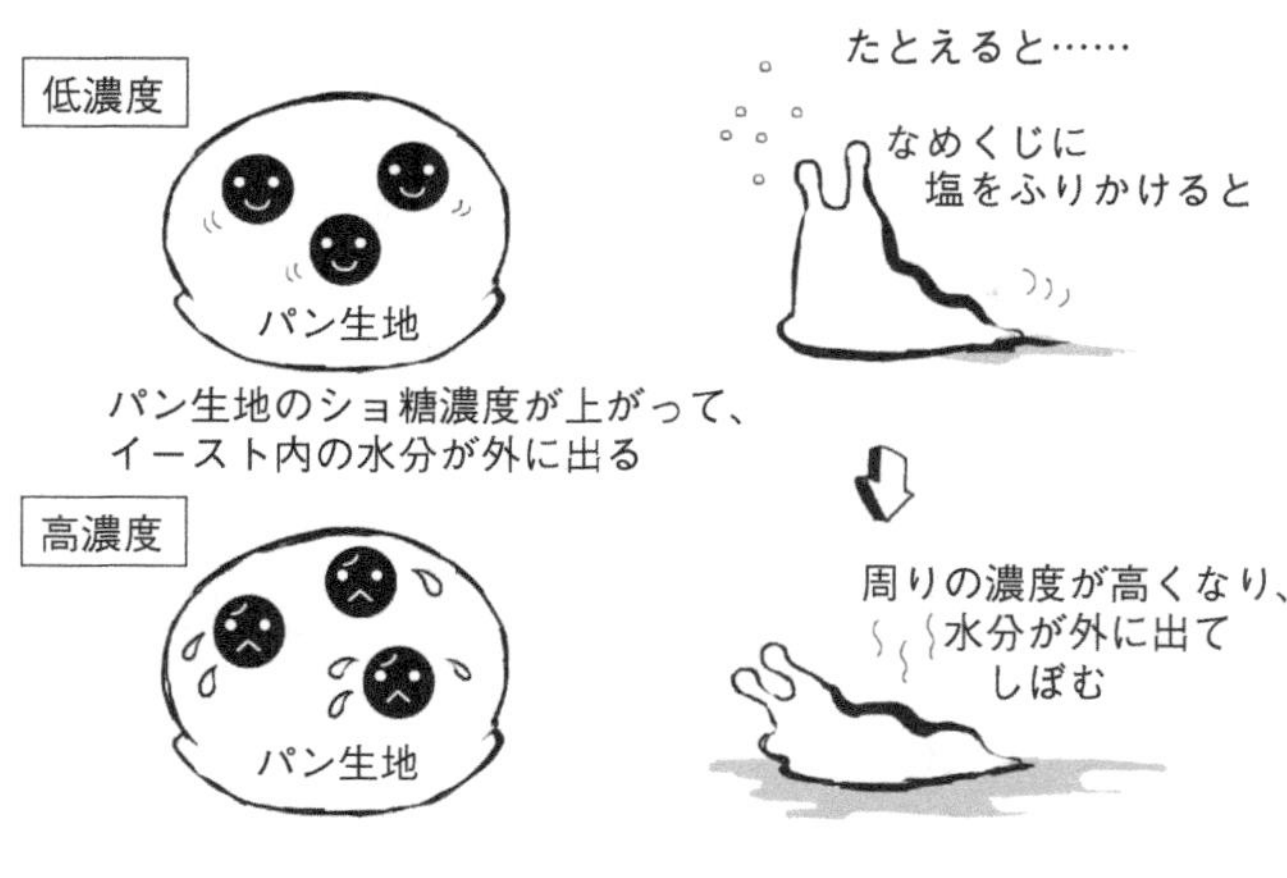

図3-14　浸透圧のイメージ

したいと思います。

その前に、簡単に浸透圧について書いておきます。浸透圧とは、膜で隔てられた濃度の異なる二つの溶液がある場合、濃度の低い溶液から濃度の高い溶液に液体が移動しようとする圧力のことをいいます。わかりやすいたとえでいえば、なめくじに塩をふりかけると、なめくじの体内から水が流出してしぼんでしまいます（図3-14）。このことを少し頭に入れて読み進めてください。

①パン生地のショ糖濃度とイーストの関係

パン生地に添加されるショ糖（ブドウ糖＋果糖）はミキシング中に、配合された水によりその結晶体が溶解されてショ糖水溶液となり、単体のショ糖分子に低分子化されます。それによりショ糖分子がパン生地中に均一に拡散します。当然、砂糖を多く配合すればするほど溶液のショ糖濃度は上昇し、パン生地のショ糖も高濃度となります。

問題はここからで、パン生地のショ糖濃度が一定以上の高濃度になると、イーストに対して浸透圧が生じるようになります。浸透圧が生じるとイーストの細胞内の水分が細胞膜を通して細胞外に流出します。それによりイーストの生体活性が低下し、アルコール発酵が思うように進まなくなります。結果、パン生地の発酵遅延と炭酸ガスの発生の減少により、パン生地の軟化と膨張不足に陥りパン作りが困難となります。

②低ショ糖型イーストと高ショ糖型イースト

繰り返しになりますが、イーストは、生地中の麦芽糖とショ糖をブドウ糖や果糖に分解し、それを栄養として発酵します。ですからパン生地中の麦芽糖やショ糖に対応すべく、細胞内に麦芽糖分解酵素のマルターゼと細胞膜付近にショ糖分解酵素のインベルターゼをもっています。パン生地中の麦芽糖は小麦の損傷デンプンがアミラーゼによって糖化された二糖類（ブドウ糖＋ブドウ糖）で、ショ糖はミキシング時に砂糖として添加された二糖類（ブドウ糖＋果糖）です。通常のイーストはマルターゼ活性とインベルターゼ活性はおおむね等しく、いい換えれば、同じ破壊力をもった2種類のミサイルを積んだイージス艦のようなものです。

ただ前述したように、同じ属種のパン用イーストにもいろいろなタイプがあります。低糖パン用（低ショ糖型）には、次のようなタイプのイーストが選別されます。どちらかといえば、麦芽糖高発酵性でマルターゼ活性が高く、積極的に麦芽糖をブドウ糖に分解するもの。パン生地の糖が低濃度なので、浸透圧耐性は通常のもの。ショ糖の添加量が少ないので、高インベルターゼ活性のもの。

一方、耐糖パン用（高ショ糖型）のイーストは、パン生地の糖濃度が高くなるため細胞自体が浸透圧に強いもの、ショ糖の添加量が多いので低インベルターゼ活性のものが選別されます。

つまり、高インベルターゼ活性のイーストは低ショ糖型パンに、低インベルターゼ活性のイーストは高ショ糖型パンに使うのが適しているのですが、そのメカニズムを解説しましょう。高インベルターゼ活性のイーストを高ショ糖濃度のパン生地に使用すると、インベルターゼがショ糖を異性化糖（ブドウ糖・果糖）に加水分解するので生地の糖濃度を急激に上昇させます。それにより生地中の浸透圧がさらに上昇して、イーストにダメージを与えることになります。それゆえ高ショ糖のパン生地にはインベルターゼ活性の低いものが使用されるべきだということになります。参考までに表記すると低ショ糖型イーストのインベルターゼ活性は高ショ糖型イーストのそれよりも50～１００倍ほど高いとされています。

③マルターゼとインベルターゼの働きの違いとパン生地に対する影響力

パン生地中の損傷デンプン由来の麦芽糖か、他の原料由来のショ糖かによって、代謝されるメカニズムの違いは、前述した通りで、イーストは食べ方を変えているように推察されます。イーストには、麦芽糖の分解速度が速いタイプと遅いタイプが存在します。

低糖パン用（低ショ糖型）イーストは麦芽糖構成型と呼ばれ、生地中の麦芽糖をキャッチするのが早く、いち早く体内に取り込み炭酸ガスとアルコールに代謝します。この麦芽糖構成型のイーストはいつもお腹を空かしており、どちらかといえば麦芽糖をガツガツ食べるタイプ。低糖パン生地にはショ糖が添加されていないので、栄養源は麦芽糖しかなく麦芽糖を速く分解する必要があるからです。分解速度が速く、ガス発生も比較的速いのです。

一方、耐糖パン用（高ショ糖型）イーストは麦芽糖誘導型と呼ばれ、アミラーゼ群によって糖化される麦芽糖をゆっくりと炭酸ガスとアルコールに代謝します。この麦芽糖誘導型のイーストはどちらかといえばおっとりしていて、麦芽糖をぼちぼち食べるタイプ。耐糖パン生地にはショ糖が比較的多く添加されているため、まずインベルターゼがショ糖を分解して栄養源を確保できるので、イーストは麦芽糖をあわてて分解する必要がありません。ゆえに麦芽糖に関しては分解速度は遅く、ガス発生も比較的遅いのが特徴です。

麦芽糖構成型イーストと麦芽糖誘導型イーストの、このような性質をふまえて、それぞれの菌

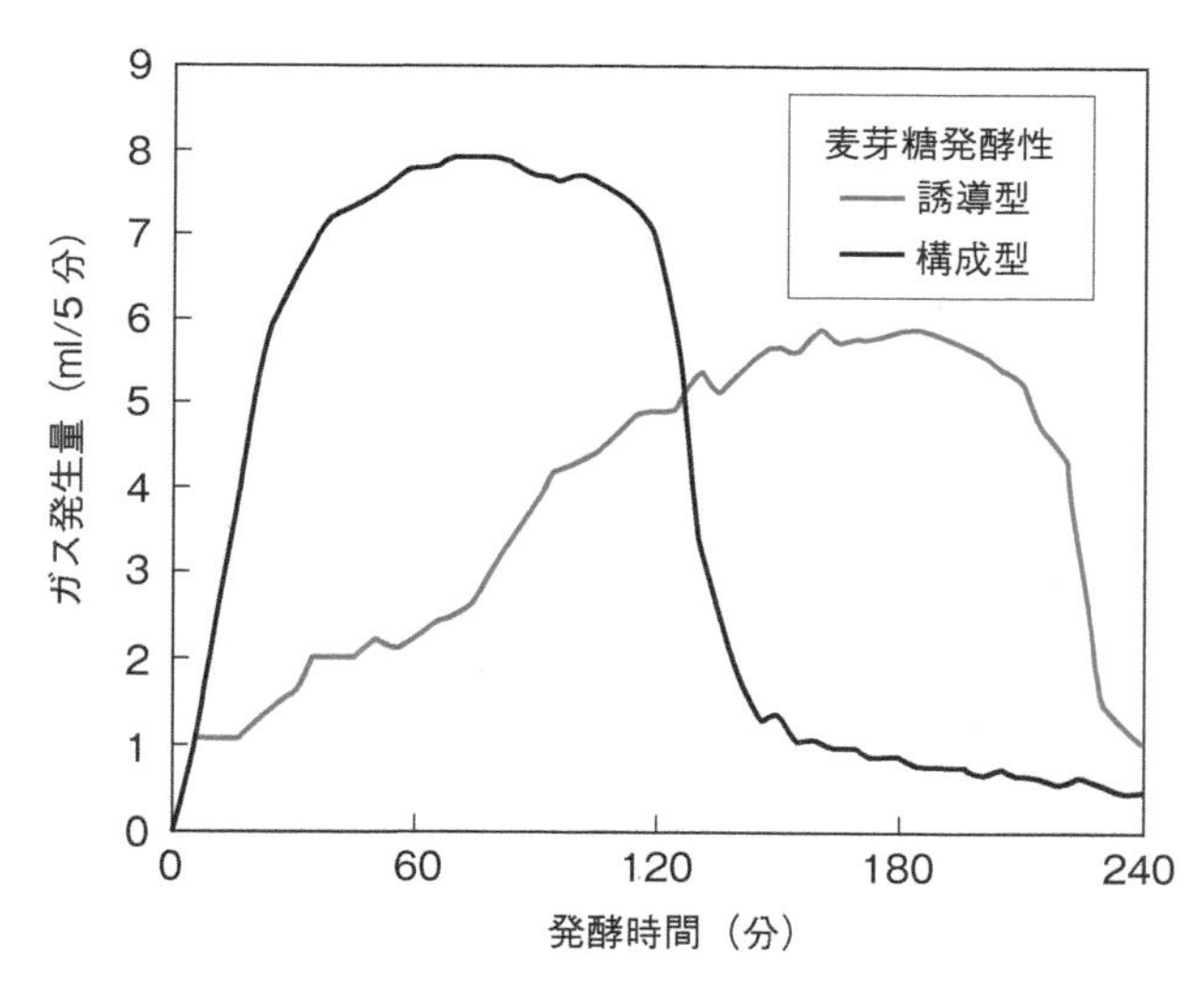

図3-15　麦芽糖発酵特性の違い
（資料提供：オリエンタル酵母工業株式会社）

株をイーストメーカーで選定して商品化しています（図3－15）。

④低糖パン用（低ショ糖型）と耐糖パン用（高ショ糖型）イーストの使い分け

実際に、インスタント・ドライイーストにおける低糖パン用（低ショ糖型）や耐糖パン用（高ショ糖型）をどう使い分けているかを、砂糖の添加レベルで紹介します。なお、これは筆者の経験則およびメーカーの推奨レベルを参考にしたものです。また、メーカーによって多少の差異が生じることがあるので、ご了承ください。

砂糖添加量（対小麦粉重量）

0～5％以下：低ショ糖型イースト（高イ

ンベルターゼ活性）を使用
5～8％：低ショ糖型イースト、高ショ糖型イースト（低インベルターゼ活性）ともに使用可
8％以上：高ショ糖型イーストを使用

リッチ系のパンでは、砂糖の量が15％を超えることが多く、菓子パンでは30％くらいのことが多くなります。

なお、低ショ糖型イーストを砂糖の添加量が対粉10％以上のものに使用すると、発酵不足で膨らみが足りないということがおこります。また、高ショ糖型イーストにおいても、砂糖の添加量が15％を超えると発酵不足により膨らみが足りないという現象を生じる可能性が高くなります。15％以上の砂糖を添加する場合は、添加量にもよりますが、あらかじめイースト量を1～2割増量しておくといいでしょう。

繰り返しになりますが、低ショ糖型イーストは高インベルターゼ活性、高ショ糖型イーストは低インベルターゼ活性です。

四つの主役③塩の科学

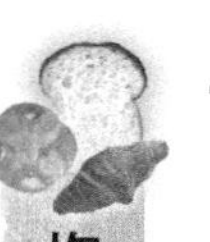

塩はグルテンを鍛える？

「塩入り」のパン生地と「塩なし」のパン生地を比較すると一目瞭然でその違いを確認できます。「塩入り」はほどよい弾力と、ややべたつくが表面はスムーズな生地にこね上がります。反面、「塩なし」は確かに伸長性には優れますが、やたらベタベタした生地にこね上がります。

昔のパン職人は、「塩はグルテンを鍛える」とか「塩はパン生地を引き締める」などとよく言ったものです。ただ、これは現在でも通用する「パン格言」なのです。その理由を調べてみましょう。

食塩がグルテンに及ぼす影響として、パン生地のべたつきを緩和し、生地を引き締める効果があります。粘弾性を帯びたグルテンは、粘性をもつグリアジンと弾性をもつグルテニンとから形成されています。一般にグリアジン、グルテニンはともに水や食塩水およびアルコールに不溶とされています。ただ、近年の研究でグリアジンに関しては、パン生地中の「食塩」がグリアジン

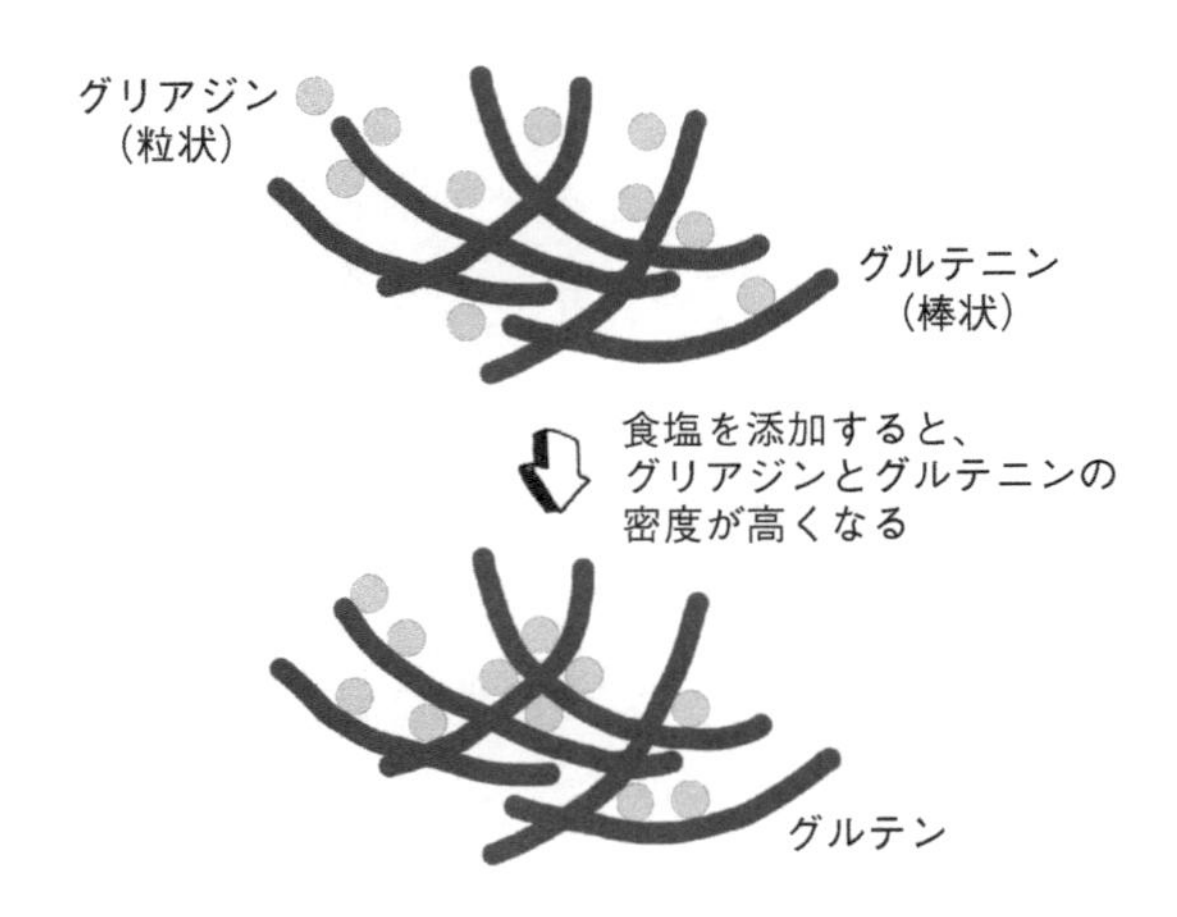

図3-16　食塩がグルテンネットワークに及ぼす影響

を水溶化するという説が有力になっています。その理由は長くなるのでここでは省きますが、多量のグリアジンが水溶化すると、それにともないグリアジンの「粘性」が失われます。結果、パン生地の粘性が減少するので、ベタつきも軽減されるわけです。

　また、食塩は特にグリアジンを凝集する性質があるので、パン生地密度が高くなります。さらに食塩（NaCl）のナトリウムイオンや塩素イオンが、他の共有結合や水素結合、ジスルフィド結合などの化学反応に影響を及ぼすことによって、グルテンの分子間構造を全体的にコンパクトかつ強靱にします（図3-16）。

　いい換えるとグルテンの伸長性・伸展性に対抗する抗張力が高くなるということです。そのため「塩はグルテンを鍛える」や「塩はパン生地を引き締める」といった表現がされているのでしょう。

次に、パンに及ぼす塩の味、旨味について述べたいと思います。

一般に塩といえば、「食塩」のことですが、食塩の「塩味」はその主成分である塩化ナトリウムの塩味となります。商品の分類上、食塩、クッキングソルト、食卓塩などは塩化ナトリウム含有量が99・0%以上であり、精製塩となれば99・5%以上となります。上記の塩はすべてイオン交換膜製塩法という方法で製塩され、非常に塩化ナトリウム純度の高い塩となっています。

では、「塩の旨味」についてはどうでしょうか。

食品量販店の棚では、「～の塩」、「～の天塩」、「～あら塩」など日本をはじめ世界各地の地名が商品名に使用された塩を見かけます。それらの多くは海水塩、湖塩、岩塩が原料となっています。海水を天日で干した塩や窯で煮て凝縮した塩、湖塩を採集した塩、岩塩を砕いて煮詰めた塩、製塩法も加熱、乾燥、非加熱などさまざまです。そして「～の海水塩は塩味がやさしい」とか「～岩塩は甘味がある」という表現を耳にします。これらの塩に共通していることは塩化ナトリウム以外の不純物が多いということです。海水由来の塩であれば塩化ナトリウムが80%前後でその他がミネラルです。成分分析上、塩に含まれるミネラルはナトリウムを除けば、マグネシウム（Mg）、カルシウム（Ca）、カリウム（K）がミネラルの99%以上を占め、その他のミネラルはごく微量となります。そのうち「塩の旨味」は「にがり（$MgCl_2$）」に代表されるミネラルが大きく貢献していると考えられています。また、海水であればミネラルの他にプランクトンや海藻類の屑など、岩塩であれば鉱物の塵や錆なども含まれています。

精製塩の「食塩」の場合、グルタミン酸ナトリウムのようなアミノ酸化合物が存在しない限り、「旨味の元」の特定はされていません。ゆえに化学分析や成分表示されていないごく微量のミネラルや雑分が、人の嗅覚や味覚に微妙な影響をおよぼす可能性は否定できません。人の五感が「えもいわれぬ旨さ」とか「なんとなく美味しい」と感受している部分です。

では食塩に含まれるミネラル分の多少は、パンやパン生地に対する影響はあるのでしょうか？ミネラルは小麦粉や水など他の原料にも含まれていますし、食塩中のミネラル分の違いによるパン生地への影響は、筆者には測りかねますが、ほとんどないと思われます。

四つの主役 ④水の科学

パン生地に使用する水の適性

パン生地を仕込むには必ず水が必要ですが、パン生地にはどのような水が適しているのでしょうか。

これは、第5章のパン作りの工程でも触れますが、まずパン生地を作るときの水の役割を考えてみましょう。

①グルテンの形成に必要な水
②デンプンの膨潤・糊化に必要な水
③イーストの代謝に必要な水
④砂糖や塩など水溶性の結晶体を溶解するための水（溶媒）
⑤各原料を結着させる水
⑥食品としてパンに必要な水

次にパン業界の一般論として、パン生地の仕込み水の適性を以下に記します。

①pH6・2～7・0の弱酸性から中性
②硬度50～120ppmのやや軟水からやや硬水

こね上がったパン生地は、pH5・2～5・5、焼き上がったパンはpH5・7～5・8が標準となっています。これはイーストが酸性域でより活性化することを示しており、事実イーストだけでいえばpH4・5以下でその活性を最大化します。ただ、一部のパン種やパンを除いてはpHが下がりすぎて焼き上がったパンが酸っぱくなると困るので、使用する水のpHを右の①のように制限しています。

また、硬度については、日本の水道水はほとんどが硬度50～120ppmの範囲にあるので、実際のパン作りにはまったく問題ありません。ppmは、水1リットル中のカルシウムとマグネシウムを炭酸カルシウム重量に換算したものです。適度な硬度は水に含まれるイオン化したミネラルが塩と同様の効果をもち、生地中のグルテン分子に働きかけて分子間の構造を引き締めます。その結果、パン生地にほどよい緊張をもたらすので、後の作業性もよく焼き上がったパンのボリュームも十分に引き出すことができます。

50ppm以下の軟水を使用すると、純水（0ppm）に近づくほどパン生地がベタつく傾向がありま す。これはミネラルの減少とともに塩のような効果が薄れるので、グルテンの分子間に多少のゆるみが生じるからだと考えられます。その後の作業性も悪くなり、処置を間違うとボリュームの欠けたパンに焼き上がります。

反対に水道水より硬度の高い水を使用すると、硬度300ppmまでなら、テストベーキングの結果では、まったく問題なくパン生地もパンの状態も安定しています。ちなみに現在の日本で販売されている国産・外国産のミネラルウォーターの硬度は、10ppm（かなり軟水）から約1500ppm

（超硬水）まで非常に変化に富んでいます。

「水とパンの味と香味」の相関関係としては、pH、硬度が適正範囲の水であれば、パン生地、焼き上がったパンともに大きな変化はありません。ほとんどの人には同じような「味と香味」のパンとなるでしょう。適正範囲外のpH５以下のレモン水などを使用すれば、同じ条件でも酸味を感じるパンに焼き上がります。また、硬度１５００ppmのミネラルウォーターを使用すれば、食感が硬く・強く感じるパンになります。

四つの脇役

①糖類の科学

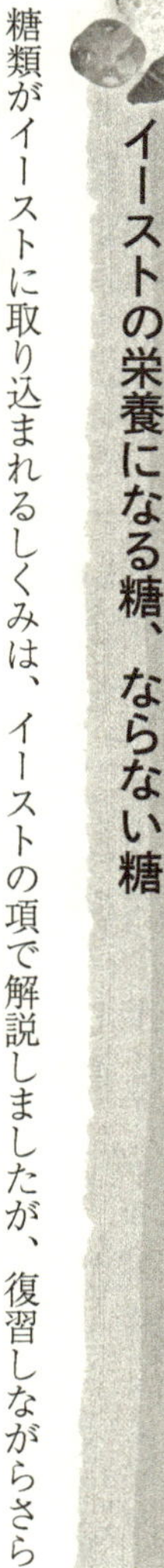

イーストの栄養になる糖、ならない糖

糖類がイーストに取り込まれるしくみは、イーストの項で解説しましたが、復習しながらさらに少し解説を加えます。

イーストが直接栄養にできる糖は糖質の中で最少の分子量をもつ単糖類のみです。そして六炭糖のブドウ糖（グルコース）と果糖（フルクトース）だけが、イーストがもつ透過酵素によって

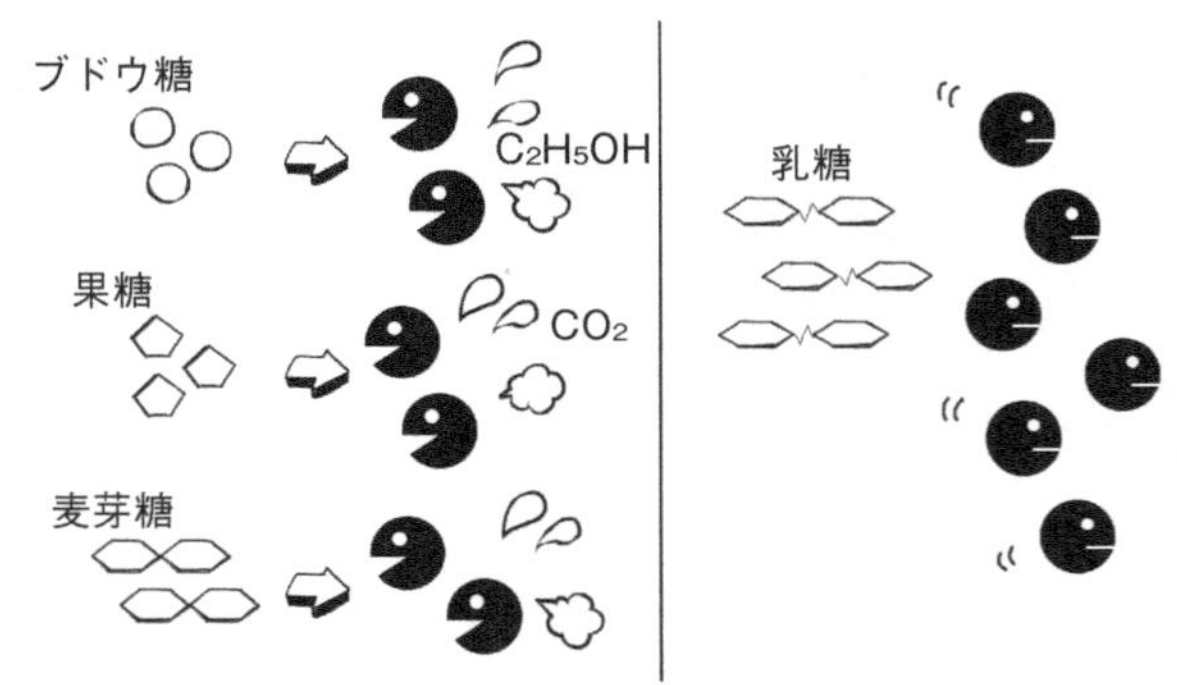

図3-17　イーストが食べられる糖、食べられない糖

細胞内に取り込まれた後に、解糖系で代謝されます。

また、二糖類でもイーストが栄養にできる糖はあります。

一つはブドウ糖とブドウ糖が結合した麦芽糖です。イーストは麦芽糖の透過酵素をもつので、細胞膜を通して細胞内に取り込みます。その後、同じく細胞内にもつ麦芽糖分解酵素（マルターゼ）で麦芽糖1分子をブドウ糖2分子に分解します。最後は解糖系酵素のチマーゼによってブドウ糖を代謝して栄養とします。

もう一つはブドウ糖と果糖が結合したショ糖です。イーストは細胞外にショ糖をみつけるとインベルターゼを放ち、細胞外でショ糖をブドウ糖と果糖に分解します。その後、それらの単糖をそれぞれの透過酵素を用いて細胞膜を通して細胞内に取り込みます。最後はチマーゼによりブドウ糖と果糖を代謝して栄養とします。

種類	品名	甘味度
糖類	ショ糖	1.00
	ブドウ糖	0.60～0.70
	果糖	1.20～1.50
	異性化糖（果糖55%）	1.00
	水あめ	0.35～0.40
	乳糖	0.15～0.40
糖アルコール	ソルビトール	0.60～0.70
	マンニトール	0.60
	マルチトール	0.80～0.90
	キシリトール	0.60
	還元パラチノース	0.45
非糖質系天然甘味料	ステビア	100～150
	グリチルリチン	50～100
	ソーマチン	2,000～3,000
非糖質系合成甘味料	サッカリン	200～700
	アスパルテーム	100～200
	アセスルファムK	200

表3-2　糖類の甘味度の比較

パンには乳製品（バター、スキムミルクなど）も原料として使用されますが、牛乳に含まれる二糖類の乳糖（ブドウ糖＋ガラクトース）は、イーストが乳糖を分解する酵素をもたないために、残念ながら、栄養源とはなりません（図3－17）。

パンに使用される糖類は、グラニュー糖や上白糖に代表されるショ糖が主体となります。その他、大手パンメーカーでは通称「液糖」と呼ばれる転化糖、異性化糖なども使用されます。また、ときにはパンに特徴をもたせるためにはちみつや果汁を使用する場合もあります。
糖類の甘味の強さを評価したものを「甘味度（かんみど）」と呼び、ショ糖の甘味度を１・００とし、比較した値で表されます（表３－２）。

パンの焼き色と糖質

パンの焼き色（クラストカラー）とは、焼成または加熱による、底部を含めたクラスト（外皮）の色づきのことを指します。クラストカラーはパン生地中に存在する小麦粉のデンプン由来の糖質（麦芽糖、ブドウ糖など）とその他の糖類（ショ糖、乳糖、異性化糖など）に大きく依存しています。いい換えれば、加熱によって糖が化学反応を起こしたり、単純に焦げたりすることでクラストカラーはつくられます。

焼成中に生じるクラストの褐変反応は、メイラード反応とキャラメル化反応に大別されます。共に非酵素的反応です。糖類の種類、配合比によって色づきの速度や度合いは多少変化しますが、パン生地の場合、おおむね１３０～１５０℃の温度帯でメイラード反応が生じてクラストをやや薄めの黄褐色にします。次に１６０～１９０℃の温度帯でキャラメル化反応による色づきがはじまり、クラストをあめ色からこげ茶色にします。簡単にいえば、塗装するときの下塗りがメ

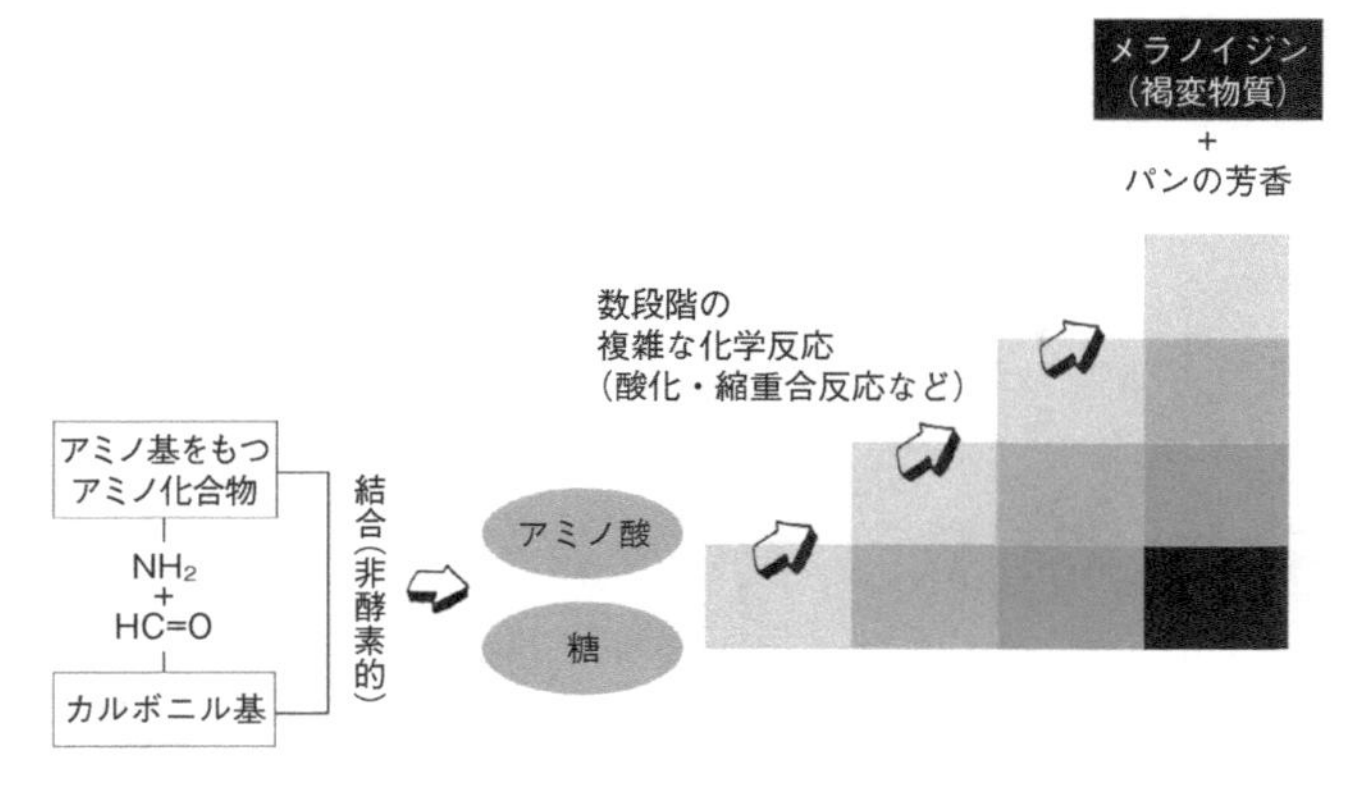

図3-18　メイラード反応

イラード反応で上塗りがキャラメル化反応ということになります。

メイラード反応はアミノカルボニル反応とも呼ばれ、生地中のアミノ酸由来のアミノ基と糖由来のカルボニル基が反応します。メイラード反応では、数段階の複雑な化学反応を経て、最終的にメラノイジンという褐変物質を生成して褐変します（図３－18）。

キャラメル化反応は、糖を１００～２００℃に加熱した場合に生じる褐変反応ですが、２００℃以上の温度で長時間加熱してしまうと炭化してしまいます。メイラード反応に比べると単純な反応で、水分が蒸発して「焦げ」が生じたときの褐変反応とマイルドなキャラメル臭が特徴となります。

このように「こんがりきつね色」「黄金色（こがねいろ）」など、食欲をそそるパンの焼き色は複雑な化学反応をもつメイラード反応と単純明快なキャラメル化反応の二本立て構築されます。ショ糖の効果としては、生地中で加水分解された還元糖（ブドウ糖、果糖）が多くなるとメイラード反応が促進され、逆に非還元糖（ショ糖）が多くなるとキャラメル化反応が促進されます。どの程度ショ糖が加水分解されるかはコントロールできないので、どちらの反応が多くなるかのバランスは、実際はわからないところです。

四つの脇役 ②油脂の科学

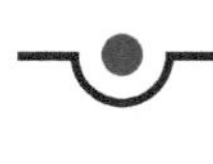

油脂の被膜効果と潤滑効果

パン生地に油脂を練り込むと生地の伸長性や伸展性が大幅に改善されて、のびやかな生地に変化します。これは、まずグルテンがミキシング中に圧力のかかった方向へ伸長し、油脂も同方向へ形を変えます。その結果、グルテン間に薄い油膜のフィルムができて、そのフィルムがそれぞれのグルテンをコーティングします。それによりグルテンとグルテンのくっつきを防ぐとともに、グルテン同士が接触するときの滑りがなめらかになるのです。これを油脂の被膜（コーティング）効果と潤滑（リュブリケート）効果と呼んでいます。

これらの油脂の特性が、①生地の伸長性がよくなる、②作業がしやすくなる、③発酵時に生地が無理なく膨張できる、④焼成時においてさらに生地の膨らみ（カマ伸び）がよくなる、⑤焼き上がったパンがボリューム・アップする、⑥パンの乾燥を遅延させる、といった効果へとつながっていきます。

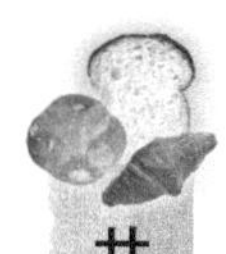

サクサク感をもたらすショートニングの謎

クッキーやビスケットを作るときに使用する可塑性固形油脂（常温で固体の、力を加えると形が変わる、やわらかい油脂）には、さまざまな種類があります。その中で、バターとショートニングを比較してみましょう。

その前に、ショートニングについて解説します。マーガリンとの違いについてよく質問されるので、マーガリンの話からはじめましょう。

製品としてのマーガリンが誕生したのは1869年にナポレオン3世が当時フランスで不足していたバターの代替品を募集した折に、イポリット・メージュ・ムーリエという科学者の発案が採用されたのがはじまりのようです。当時は上質な牛脂に牛乳、塩などを加えて冷やし固めた代物だったようです。いわば高価なバターの代わりに開発された一種の疑似バターといえましょう。マーガリンは英語で「margarine」ですが、その由来はギリシャ語の「margarite」で、真珠を意味するようです。品質が改良され19世紀末よりマーガリンの主原料は植物油が大半を占めるようになりましたが、一部動物性油脂のものもあります。それらに水、食塩、粉乳、香料、色素などを加えて攪拌したのちに、冷やし固めたり、水素添加によって硬化したものが、風味豊かな黄色いマーガリンとなります。

ショートニングは、19世紀末のアメリカで、植物油、動物油を原料とし、練り込み専用の、ラードの代用品の固形油脂として開発されました。当時はラードコンパウンド（ラードの代用品）とも呼ばれていました。ショートニングの主原料には植物油、動物油、魚油が使用されています。それらを高温（200℃）で加熱して脱臭した油を水素添加して硬化した加工油脂です。ほぼ100％油脂成分の白色、無味無臭の油脂で、一般市場には酸化防止のために窒素ガスを混入した固形油脂の状態で供給されています。

マーガリンはそのままパンに塗って食べることができるほか、料理・菓子・パンの加工に幅広く使用されています。一方ショートニングは水分や乳成分を含まず味がないので、そのまま食べることはありません。菓子・パン加工に使用されるのはもちろん、ドーナツやフライ用に使用されます。

さて、バターを100％使用した生地と、ショートニングを100％使用した生地を比較しましょう。味、香味もさることながら、明らかに食感に差が出ます。ショートニング使用のクッキーは生地の段階からつながりが弱く、焼き上げたクッキーも食感が軽くサクサクしています。この性質を油脂のショートニング性と呼びます。ショートニングの語源は、英語のshorten（「もろくする、軽くする」といった意味）からきており、加工油脂の名称の一つです。ショートニング性は、すべての可塑性固形油脂に共通する性質ですが、特にショートニングが最もその効果を発揮します。

パンにおけるショートニング効果としては、クッキーやビスケットほどはサクサク感が顕著に表れませんが、バターやマーガリンのみ使う場合に比べて、ショートニングの添加量を多くすればするほど、経験上確実にパンの食感は歯切れがよくなる傾向にあります。

ではなぜショートニングを使用すると、パンの食感の歯切れがよりよくなるのでしょうか？　それを理解するために、まずバターやマーガリンなどの可塑性固形油脂の、二つの性質を知っておきましょう。一つ目は、パン生地中のグルテンとグルテンの間に油脂のフィルム層を作りグルテンをコーティングするので、グルテン同士がくっつくのを妨げるとともにグルテン層の摩擦を減らし、滑りやすくします。二つ目は、グルテン同士のくっつきを防ぐことで低分子化した細長いグルテンチェーンが増加して、より密度が高くセル（気泡）の数の多いグルテンネットワークを形成します。以上の性質により、生地の発酵時や焼成時における酸素を含むガス保持部分の体積も増加するので、それだけでも焼き上がったパンの食感が歯切れよくなります。

一方、ショートニングは近年の研究で、他の可塑性固形油脂と違い、生地中のグルテン間にフィルム上に分布しているのではなく、数㎛～数十㎛の無数の油滴がセルの中も含めて生地中に混在していることがわかりました。ここにショートニングがもたらす「サクサク感」の秘密が隠されています。すなわち菓子やパン生地中にはショートニングが大小の油滴の状態で隅々まで拡散・分散しているので、焼成時にその部分の油が一度溶けることによって、油滴付近のグルテンが油を吸収して組織がもろくなります。この現象がクッキーやビスケットにおけるサクサク感、パンにおける歯切れのよさをもたらしているといっていいでしょう。

また、ショートニングは、バターやマーガリンと違い水分や他の固形分を一切含まない100%脂肪球で構成されています。ゆえに純粋に生地中に油滴として存在しやすい状態となっていると考えられます。

「脂」は飽和脂肪酸。「油」は不飽和脂肪酸

油脂の脂質の主成分は、グリセロール（グリセリン）と、3種類の脂肪酸がエステル結合したトリアシルグリセロール（中性脂肪）です（図3-19）。

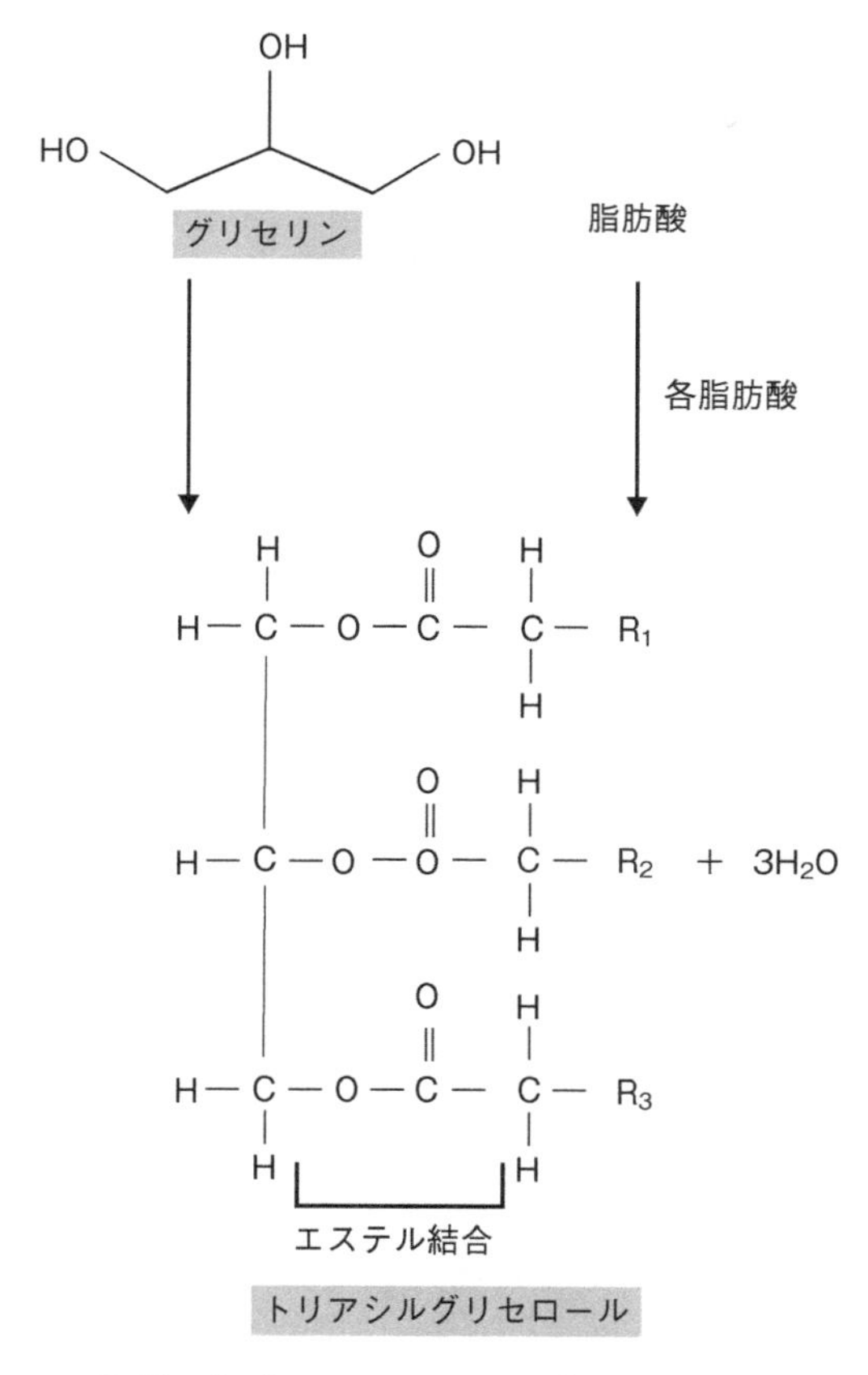

図3-19　脂質の主成分、トリアシルグリセロール

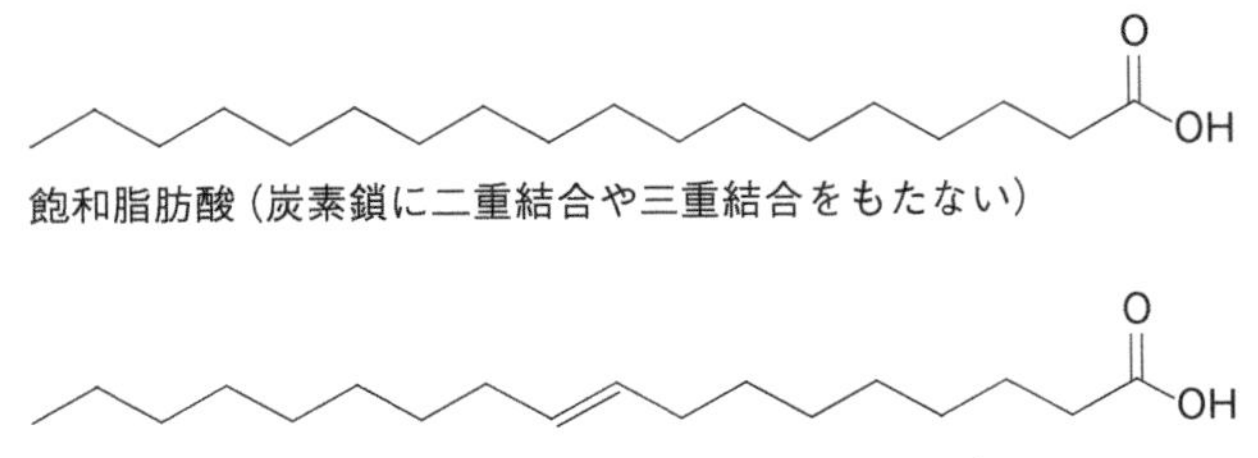

飽和脂肪酸（炭素鎖に二重結合や三重結合をもたない）

不飽和脂肪酸（炭素鎖に二重結合や三重結合をもつ）

図3-20　飽和脂肪酸と不飽和脂肪酸の構造式

脂肪酸は脂質を構成する重要な成分で、食品中の脂肪の9割が脂肪酸でできています。肉の脂肪、牛乳の脂肪、魚油、植物油など一見違った脂肪に見えますが、その成分はほとんど脂肪酸です。脂肪酸には多くの種類があり、結合している炭素の数や炭素間の二重結合の数の違いで、その性質が変わってきます。母乳や牛乳、植物油、動物油、魚油といった脂質の種類は、エステル結合する数多くある脂肪酸のうちの、3種類の脂肪酸の組み合わせによって決定されます。

また、脂肪酸は大きく飽和脂肪酸（不飽和結合の二重結合、三重結合がない）と不飽和脂肪酸に大別され、不飽和脂肪酸はさらに一価不飽和脂肪酸（不飽和結合が一つ）と多価不飽和脂肪酸（不飽和結合が二つ以上）に分類されます。すべての脂肪酸は、炭素（C）、水素（H）、酸素（O）の3種類の原子で構成されていて、C_nH_mCOOHで表されます。鎖の端にメチル基（CH_3−）をもち、グリセロールとエステル結合する側の端にカルボキシル基（−COOH）をもちます（図3−20）。

飽和脂肪酸は、炭素の二重結合がなく、分子構造上まさに飽和状態にある安定した脂肪酸です。安定状態にある脂肪酸は融点（油脂の溶ける温度）が高く、常温（25℃）で固体となります。この飽和脂肪酸の分子によって構成されているものが「脂」となります。

不飽和脂肪酸は、炭素の二重結合をもっていて、分子構造上不安定な状態となります。このように不安定な状態にある脂肪酸は融点が低く、常温で液体となります。不飽和脂肪酸の分子によって構成されているものが「油」といわれます。

ちなみにこの二つの「あぶら」、日本語では訓読みが同じでややこしいのですが、英語なら単純で「oil（オイル）」（油）と「fat（ファット）」（脂）という表現になります。

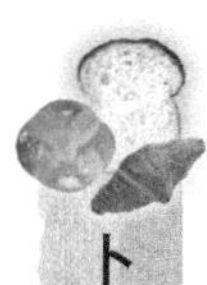

トランス脂肪酸を含んだ油脂は食べてはいけない？

ここで、不飽和脂肪酸の一つである、トランス脂肪酸について解説します。パンに使用されるトランス脂肪酸を含んだ油脂といえば、マーガリンやショートニングなどが代表選手です。これらの原料となる植物油と一部動物油などを高温（２００℃）で加熱して脱臭したものを、水素添加によって固形化したものを硬化油と呼びます。常温で液体の不飽和脂肪酸を、常温で固体の飽和脂肪酸に工業的に変化させるわけですから、もとの分子構造にかなりの負荷をかけて製造した

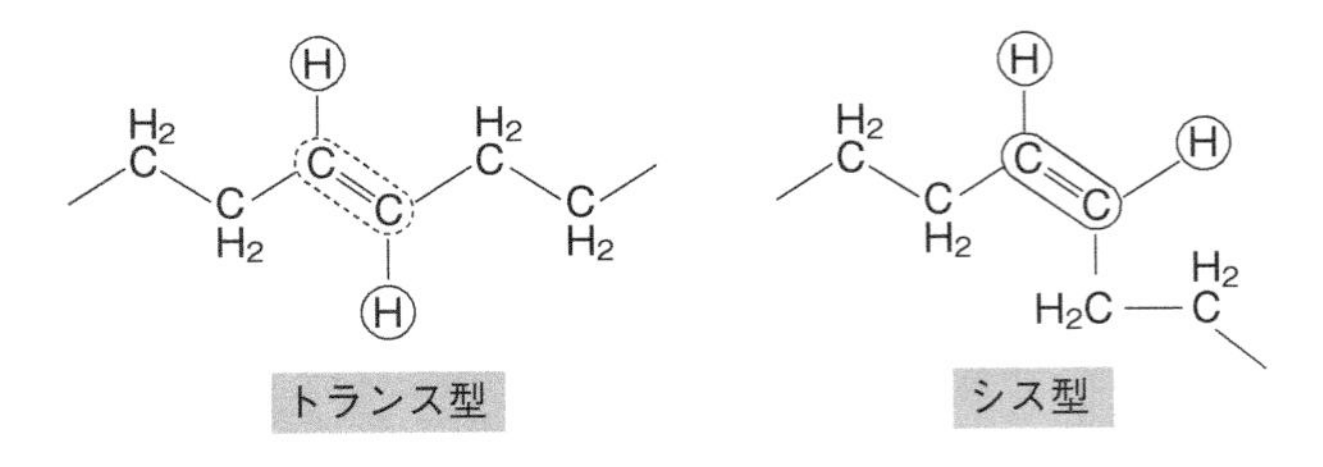

図3-21　シス型とトランス型の構造

ものです。天然に存在する不飽和脂肪酸は炭素間の二重結合部分（-C=C-）の各炭素原子の余った手に水素原子が1個ずつくっついているのですが、同じ側に位置しているのでシス（cis：同じ側）型と呼ばれています。対して工業的に製造された硬化油はその製造工程において二重結合部分にくっついている水素原子がそれぞれ対角に位置するトランス（trans：横切る）型に変化します（図3－21）。この不飽和脂肪酸をトランス脂肪酸と呼んでいます。

トランス脂肪酸は、健康を害するのではないかと問題視され、話題になることが多いのですが、その理由は二つ考えられます。基本的に人体はトランス脂肪酸を摂取する必要性がないことと、工業的に合成されたトランス脂肪酸は人体で代謝されにくく、体内に蓄積されやすいことです。その性質により、トランス脂肪酸を長期にわたり過剰摂取すると、血中のＬＤＬコレステロール（悪玉コレステロール）を増やすだけでなく、ＨＤＬコレステロール（善玉コレステロール）を減らすことになります。その結果、動脈硬化などの心疾患を患う可能性が高まると報告されています。

そこでこれらをふまえて、ＷＨＯ（世界保健機関）とＦＡＯ（国連食糧農業機関）は心臓血管系の健康増進のために、食事からのトランス脂肪酸の摂取量を最大でも一日あたりの総エネルギー摂取量の１％未満にするようにと勧告しています。この数字は平均的な日本人の総エネルギー摂取量を２０００kcalとすれば、２g未満となります。２０１５年の内閣府食品安全委員会の発表では日本人のトランス脂肪酸の平均摂取量は約０・７gで総エネルギー摂取量の約０・３％となっています。摂取量の一番多いアメリカでは約５・６gで総エネルギー摂取量の２・２％となっています。この統計をもとに食品安全委員会は日本人の場合、通常の食生活であれば、健康への影響は小さいと考えられるとの見解を示しています。

また、現在の日本の油脂メーカーはマーガリンやショートニング製造において、従来型の水素添加による硬化油や精油の固形化ではなく、エステル交換法という技術などを用い、トランス脂肪酸を合成しない方法で硬化油を製造しています。

これは筆者の私見ですが、近年はやたら「トランス脂肪酸！　トランス脂肪酸！」と騒がれていますが、未病・予防の見地でいえば、それだけではなく肉の脂身などに多い飽和脂肪酸などを含めた脂質、糖質、塩分などの摂取を客観的かつ総合的に判断して、取り過ぎに注意されるのがよいかと考えます。

四つの脇役

③卵の科学

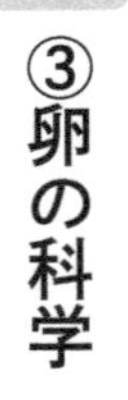

マルチタレントの卵黄！

卵は糖類、油脂、乳製品に続きパン生地を豊かにする素晴らしい副材料の一つです。特に卵黄の効果は多岐にわたります。

タンパク質の栄養価を示す指数であるプロテインスコアを見ると、卵は全卵で最大値の１００となっています。プロテインスコアとは、必須アミノ酸という、人体で合成できず食物から摂取しなければならない８種類のアミノ酸が、バランスよく含まれているかを示す指数ですが、これだけでも栄養価の高さがわかります。

そのうち35～40％を占める卵黄の平均的な成分比は、水分50％、脂質30％、タンパク質15％、その他（ミネラル、ビタミンなど）５％となっています。そして脂質は中性脂肪65％、リン脂質（レシチン）30％、コレステロール５％からなります。

卵黄にはカロテノイド系の色素が豊富で、卵黄を黄色に染めています。卵黄の色はエサの色で決まります。トウモロコシが多いと黄色が強く反映され、パプリカや甲殻類が多いと赤みが強くなります。卵黄色の黄色に赤みが加わることで、実際にはオレンジ色に見えるようになります。カロテノイドは植物や動物など、自然界に幅広く存在する黄色帯から赤色帯の天然色素群でその名称はcarrot（にんじん）の黄色色素であることに由来しています。

卵黄に含まれるカロテノイドは キサントフィルとカロテンに大別できますが、カロテンの含有量は2～4％に過ぎず、大部分がキサントフィル類です。キサントフィル類には黄色系と赤色系があり、それらがトウモロコシやパプリカ由来のものです。また、色素が少ないエサなら黄色が薄くなり、ベージュやクリーム色に白色化していきます。いずれにしても、卵黄の色と栄養は無関係で栄養価にはほとんど差がありません。

卵黄のパンにおける役割には、卵黄の旨味（風味）の供給、総合的な栄養の供給、より鮮やかなクラストカラーとやや黄色みを帯びたクラムカラーの供給、パン生地の乳化の改善の四つがあります。最初の三つについては改めて説明する必要はないと考えるので割愛しますが、ここでは最後のパン生地の乳化について考えてみましょう。

一般に乳化とは、水と油のように混ざりにくいものを均一に混合することを指します。その際に水と油の界面に働きかけて乳化する物質を、食品の場合「乳化剤」、洗剤や化粧品の場合「界面活性剤」と呼んでいます。界面活性剤の「界面」とは物と物の境目という意味で、水と油が混

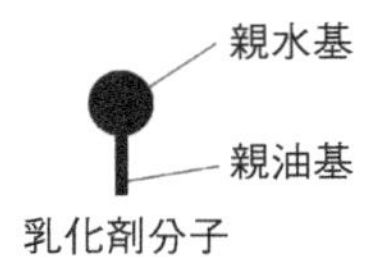

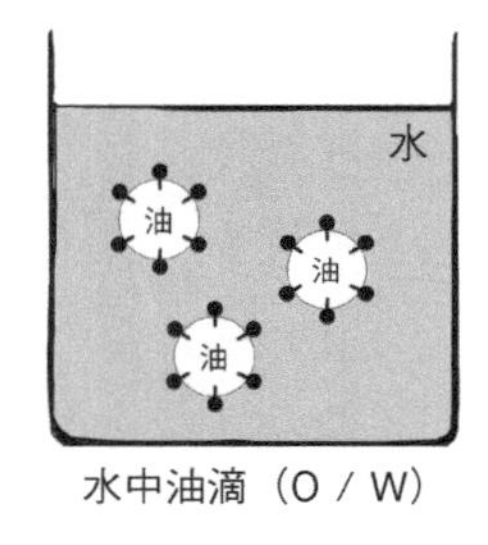

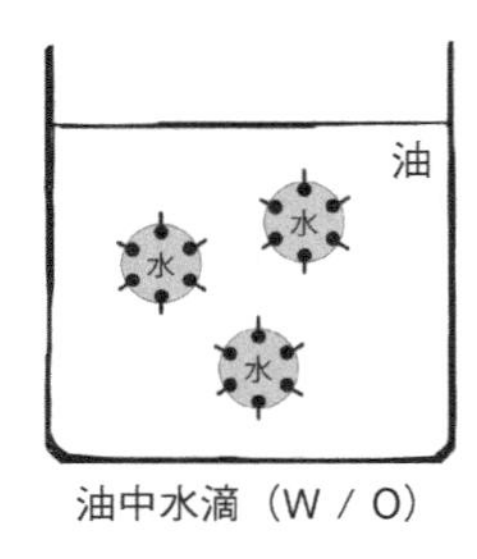

図3-22　乳化剤と水中油滴、油中水滴

ざり合わないことでできる液体の境目などのことを指します。界面活性剤はその境目にくっついて働き、水と油のように普段は混ざり合わない物を混ざり合わせて乳白色の液体（エマルジョン）にします。この「乳化」には、「水中油滴（O／W）」型と「油中水滴（W／O）」型があります。たとえば、牛乳やマヨネーズなどは油が水に囲まれている「O／W乳化」、バターやマーガリンなどは反対に油の中に水が囲まれている「W／O乳化」と呼んでいます（図3-22）。

さて乳化剤となるレシチンは、自然界の動植物のすべての細胞中に存在していますが、ギリシャ語で卵黄を意味する言葉（lekithos：レキトス）に由来しています。食品に使用されるレシチンは卵黄や大豆由来が一般的で、天然のリン脂質（脂質の一部にリン酸を含む）のことを指します。特

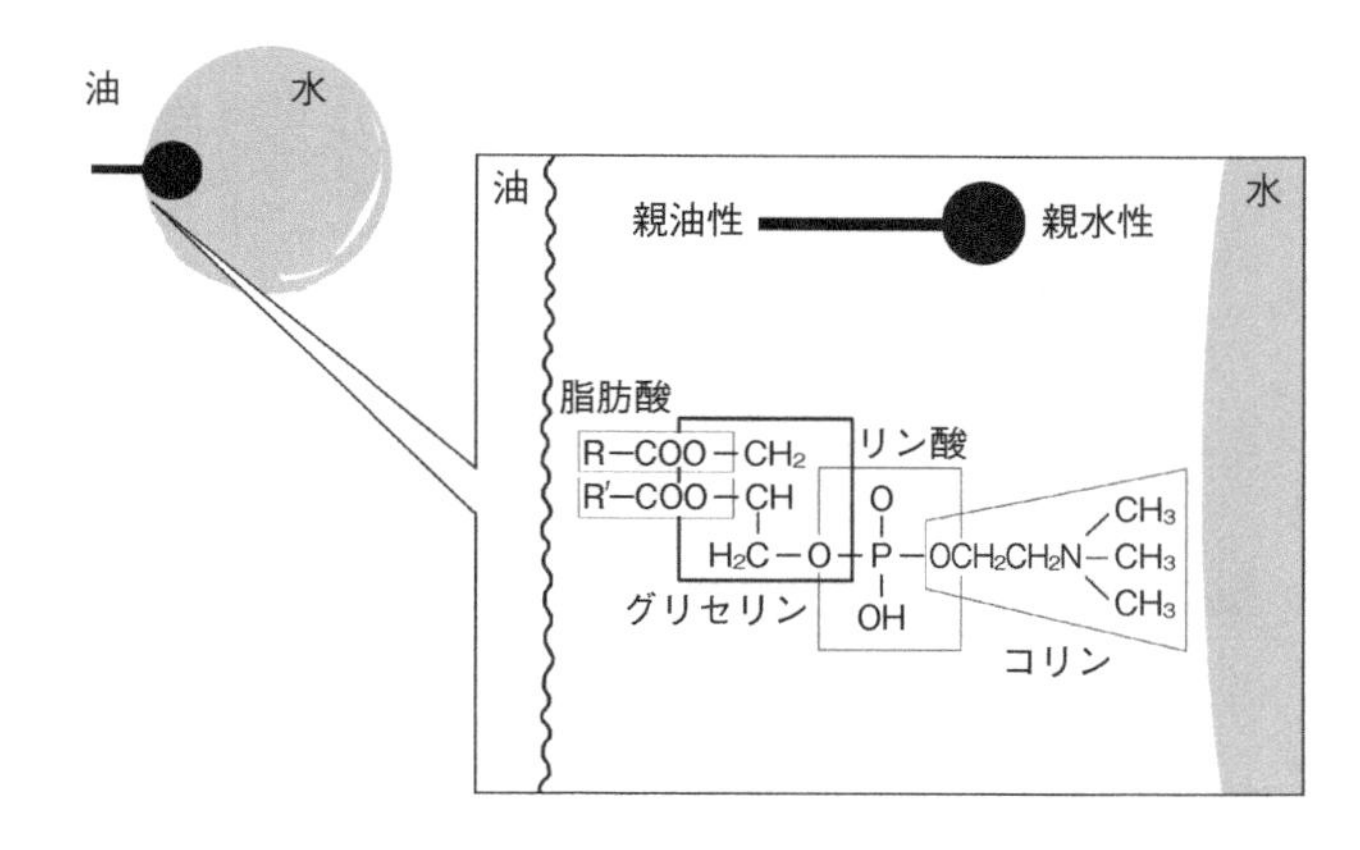

図3-23　レシチンの構造式

に卵黄レシチンは、油を水に分散させてエマルジョンを作る乳化力が強力で、パン生地中でも安定したエマルジョンの状態を保ってくれます。

レシチン分子は「脂肪酸」「グリセリン」「リン酸」「コリン」という四つの部分からなります（図3－23）。このレシチンの特徴は、分子の片方の端にある脂肪酸が親油性をもち、もう一方の端にあるコリンは親水性をもつことです。水と油の界面から、油側に脂肪酸の親油基の足を突っ込み、水側に頭を突っ込んだ状態といえます。まさにレシチンは両手に花ならぬ片手に油、片手に水を同時にもつことができる仲介人の役割を果たします。つまり「水中油滴（O／W）」型と「油中水滴（W／O）」型のいずれの場合も水と油のいずれかに多数の乳化分子の頭や足を突っ込むので、水分子と油滴がしっかりと固定されます。それにより水と油は分散・拡散するので乳白濁状となり、その状態を保つことができます。

卵黄が添加されたパン生地は、ミキシング中に卵黄中のレシチンが乳化剤として働き、乳化が促進されます。ここでいうパン生地の乳化とは水分子と油滴を生地中に分散させながら、レシチンによって水中油滴（O／W）型になることです。この状態でパン生地に分散・拡散されると、パン生地がより柔軟に滑らかになり、伸長性・伸展性を増します。このような生地は発酵中も伸びやかで、焼成時においてもカマ伸び（p.172参照）がよくなります。その結果、焼き上がったパンのボリュームも豊かで、ふっくら感も増します。

さらに食したときのソフト感と歯切れや口どけが改善されます。また、レシチンによって乳化された水中油滴（O／W）型のエマルジョンがデンプンのミセル構造（p.69参照）に浸潤してミセル構造の収縮をゆるやかにすることでデンプンの老化を遅らせます。そして結果的にパンそのものの硬化も遅らせるので、パンの日持ちが向上するといえます。

卵白はパン作りに必要か

ここまでで卵黄のマルチタレント性がおわかりいただけたと思います。リッチ系のパンにはなくてはならない副材料といえましょう。

では卵白はどうでしょうか？　恥ずかしながら、筆者は以前パンもしくはパン生地に卵白は無用の長物と考えていたのですが、結論から申し上げると、パンの種類によっては適量であれば必要といえます。全卵の64％前後を占める卵白は約90％が水で占められ、残りの10％が固形分です。固形分のうち90％が卵白タンパク質ですが、その約54％がオボアルブミンと呼ばれるタンパク質です。卵白の起泡性（メレンゲやスポンジケーキに応用）や熱凝固性（菓子生地などを焼き固める効果）はこのオボアルブミンによるところが大きいと考えられています。

パンの場合は通常、全卵もしくは卵黄を主として使用するので、卵白だけ添加されることはまずありません。また、卵を必要としないパンの種類も多くあるので、ここでは全卵を添加することを想定して具体的に話を進めます。ごく一般的な食パンA（卵が配合されない）と、そのパン生地に対粉5％重量の卵白を添加した食パンBを、ほぼ同一条件（１００gの丸型成形）でテストベーキング後に製品比較しました。その結果、食パンBは食パンAよりもパンのボリュームが若干大きく、パンの弾力もやや強く、手の平で上から押さえて同程度の圧力をかけたところ、元に戻る復元力も勝っていました。一方、食パンAも問題なく美味しいパンですが、焼成後1時間ではパンの側面部の小じわが食パンBよりも多く、やや側面部の組織の弱体化がみられました。

これらを総合的に考察すると、オボアルブミンを主とした卵白タンパク質は80℃前後で完全に凝固して白く硬くなるので、卵白はグルテンと同様パンの骨格構造として立派な働きをしているといえます。ただ、卵白の総量が10％を超えると、卵白臭を感じるようになり、卵白特有のプリプリした硬さとパサつきが増し、食感が悪くなります。

私見ですが、官能評価も含めまとめると、製パンには卵白の添加量は対粉重量10％以下、できれば5％前後でコントロールするのが好ましく、少し手間ですが、あとは個別に卵黄の配合量を決めて調整し、食感、風味をよくすることをおすすめします。

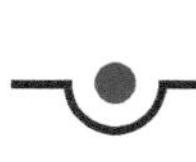

四つの脇役　④乳製品の科学

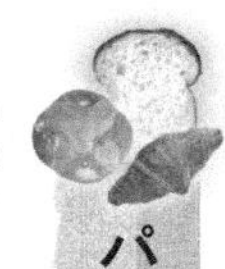

パンに使用される乳製品

乳製品といえば、牛乳をはじめ、バター、生クリーム、ヨーグルトおよびチーズが一般的で、そのうちバターは乳製品と油脂類の両方に分類され、製パンの場合、バターは通常、油脂として扱われています。パン作りにおける乳製品の代表選手は何といっても「脱脂粉乳」ということになります。一般市場では「スキムミルク」として販売されていますが、粉末状のものを「スキムミルク」と呼ぶのは、日本独自の呼び方です。パンはお菓子と違い、牛乳、生クリーム、ヨーグルト、チーズ（粉チーズ、クリームチーズなど）を多量に使用することはありません。例外的にフィリングやクリームに使用する場合はありますが、パン生地そのものに添加する場合は少量の使用となります。

多くのパンに脱脂粉乳が使用される理由は、コストが安価で、使用方法が簡便、長期間の保存・保管が可能であることがあげられます。乳製品の役割としては、クラストカラーの改善、ミルクフレーバーの供給、栄養添加（カルシウム、必須アミノ酸であるリジンなど）といったことがあげられます。

脱脂粉乳（NFDM：nonfat dry milk）は日本語でも英語でも読んで字のごとし、牛乳を遠心分離機にかけて乳脂肪分を取り除いたものです。乳脂肪分の大半を取り除いたものが「低脂肪乳」で、それを凍結乾燥やスプレードライで粉末にしたものが「脱脂粉乳」となります。乳及び乳製品の成分規格等に関する省令（厚生労働省令。略して乳等省令ともいいます）では、低脂肪乳の規格が乳脂肪０・５％以上１・５％以下となっています。ちなみに牛乳は乳脂肪分３％以上、クリームは18％以上、バターは80％以上となっています。

ここで前述したスキムミルクについて少しお話をすると、実は一般市場で販売されているスキムミルクは、厳密にいうと脱脂粉乳とは別物です。成分は似ていますが、スキムミルクは簡便さを考えて水に簡単に溶けるよう加工されています。それに対して、業務用の脱脂粉乳は水になかなか溶けにくく、湿気を含むとすぐダマになるので、プロ仕様といえます。

乳糖と乳タンパク

乳糖（ラクトース）は牛乳に含まれる糖質で、牛乳固形分の約1／3を占めています。乳糖はブドウ糖とガラクトースからなる二糖類ですが、甘味度は砂糖（ショ糖）の1／3程度であまり甘さは感じません。実際、パンに添加されても甘味料としてではなく、どちらかといえば、フレーバーとしての役割をもちます。また、イーストもこの乳糖を分解して代謝することができないので、発酵に関与することもなく、パン生地中に乳糖がそのまま残存します。

乳タンパクは牛乳固形分の1／3弱を占めていますが、そのうち約80％がカゼイン、残り20％が乳清(にゅうせい)タンパクで構成されています。カゼインは牛乳中で表面が親水性のカゼインミセル（0・1〜0・3㎛）を形成します。カゼインミセルとは、まずカゼインが十数個凝集して小さな粒状のサブミセルを作り、それらが多数集まったものです。このカゼインミセルの何が大事かといえば、ミセルの中にカルシウムを保護する形で包み込んでいるので、牛乳中でカルシウムが沈殿することなく、カゼインミセルとともに均一に浮遊できるわけです（図3－24）。

カゼインはヨーグルトやチーズの製造工程でも主役となります。牛乳に乳酸菌を入れると、乳

サブミセル
カゼイン分子の集合体

リン酸カルシウムクラスター
サブミセル同士の架橋。
カルシウムとリン酸の複合体

疎水的な部分

親水的な部分

κ-カゼイン
タンパク質に疎水的なκ-カゼインの頭の部分を入れ込み、親水的な尻尾の部分で水中に浮遊する

カゼインミセルの構造モデル

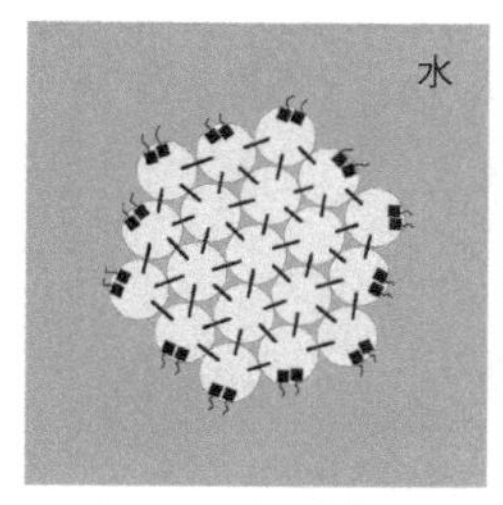

κ-カゼインが親水的な部分を外に向けて並んでいるため、ミセル全体が親水性を保っている

図3-24　カゼインミセルの構造

酸菌の乳酸発酵により生成された乳酸がカゼインを凝固（ゲル化）させます。これにより乳糖、乳タンパク、乳脂肪を成分にもつヨーグルトができあがります。また、牛乳にレンネット（タンパク分解酵素の「キモシン」と「ペプシン」をもつ凝乳酵素）を作用させると、キモシンが親水性の表面をもつカゼインミセルのある部分を切断することで、それまで内側に閉じ込められていた疎水的な部分が顔をだします。その結果、それぞれのカゼインミセルの疎水的な部分同士が連続的に結合します。そのときにカゼインミセルだけでなく、水分子や脂肪球も取り込んで白濁したゲル状に凝固し、チーズの元となります。

ちなみにそのときに生じる上澄みが乳清、すなわちチーズの搾り汁です。この乳清に溶けている水溶性のタンパク群が乳清タンパク（ラクトグロブリン、ラクトアルブミン、ラクトフェリンなどが主な構成成分）です。乳清タンパクは酸や酵素ではほとんど凝固しませんが、加熱すると60℃前後から熱凝固します。牛乳を加熱すると表面に薄い被膜ができますが、これは牛乳表面に露出した、ラクトグロブリンを主とする乳清タンパクが熱変性をおこして凝固したものです。また、そのときに表面付近の加熱によって比重が小さくなった脂肪球や糖質もいっしょに抱き込む形で凝固するので、被膜のボリュームが増します。この膜ができる現象を「ラムスデン現象」と呼んでいます。

おさらいすると、乳タンパクはカゼインと乳清タンパクの２種類に大別されます。乳タンパクの80％を占めるカゼインは酸や酵素で凝固（ゲル化）し、残り20％の乳清タンパクは水溶性で熱により凝固します。

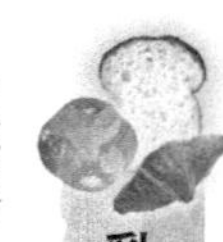

乳糖と乳タンパクとの共同作業

脱脂粉乳の大きな効果の一つにクラストカラーの改善というものがあります。糖の項で述べたようなメイラード反応に関わるからです。

パンのクラスト部分の褐変反応で大きな影響力をもつメイラード反応は「アミノ化合物」（アミノ基をもつ物質：アミノ酸やタンパク質など）と「還元糖」（還元基をもつ糖質：ブドウ糖、

果糖、麦芽糖、乳糖など）が結合するときに生じる複合体に起因します。その複合体が分解、酸化、重合など複雑な反応を繰り返してできる「メラノイジン」（赤・黄褐色の色素）がクラストの褐変反応の元となります。またメイラード反応で生成される物質中には多くの香気成分も含まれるので、パンの香りをより魅力的にするのにも一役買います。

パンの場合、メイラード反応は通常130～160℃で最も多く生じますが、脱脂粉乳に含まれる乳タンパクと乳糖によるメイラード反応は100℃と比較的低温度帯で生じます。また、乳糖のキャラメル化も125℃を超えると色づきはじめ、他の材料よりやはり低温度帯で生じます。その結果、色合いも中間的な赤黄色が反映されるので、クラストカラー全体をむらなく色づけしてくれます。

4

パン製法の科学

——材料と技の出会い

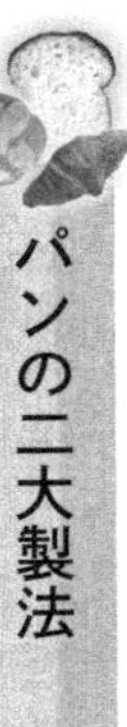

パンの二大製法

第2章のパンの歴史で触れたように、現在主流となっているパン製法の「ストレート法」と「中種法」は、アメリカで同時期に工業用イーストを使用して開発されたものです。100年以上も前にアメリカ陸軍により、非常に完成度の高い実用書として刊行されたマニュアルの中で紹介されていました。第一次世界大戦でヨーロッパ戦線に向かう準備の一つとして、1916年11月にスコット将軍（H.L.Scott）の発令で制作された『Manual for Army Bakers, 1916』です。以下、筆者が翻訳したものを現代風に加筆しながら、その二大製法を紹介します。

■ストレート法（Straight Dough Method）

ストレート法とはすべての材料を投入し、一度のミキシングでパン生地を完成させる製法です。1900年頃にヨーロッパやアメリカで工業製品の圧搾イーストが開発されたのを機に開発された画期的なパン製法といっていいでしょう。従来は何日もかけてやっとパンが焼き上がるといった、発酵種によるパン作りが唯一無二の製法でしたが、炭酸ガスを多く産出するタイプのパン用酵母を純培養することで菌数も天文学的に増加しました。その結果、パン生地の発酵、膨張が短時間で完了し、全工程の所要時間も著しく短縮されました。そのおかげで、早いものであれば2〜3時間、遅くとも5〜6時間もあればパンが焼き上がります。パン用酵母が純培養され、工業製品のイーストが登場して約1世紀になります。今日ではストレート法は世界中でパンの基本製法と認知されるまでに発展を遂げました。

図4-1に示したストレート法の工程に、以下解説を加えます。

◎生地ミキシング（dough mixing）

ミキシングとは製造するパンに応じて、適正なパン生地をこね上げること。パンの種類の違いや製法と配合などを考慮して、ミキシングの度合いが決まってきます。「ストレート法」の場合はすべての材料をミキサーに投入し、一度のミキシングで生地を完成させるので、比較的しっかりこねます。

◎生地発酵（dough fermentation/floor time）

ミキシングにより完成したパン生地を適度に発酵・膨張させます。生地中のイーストがアルコール発酵することで生成された炭酸ガスが、生地内に保持されていきます。炭酸ガスが生成されればされるほどパン生地が膨張します。また、この工程を「フロアタイム」とも呼びます。以前はパン生地のこね桶や発酵桶が床（floor）においてあったことからです。

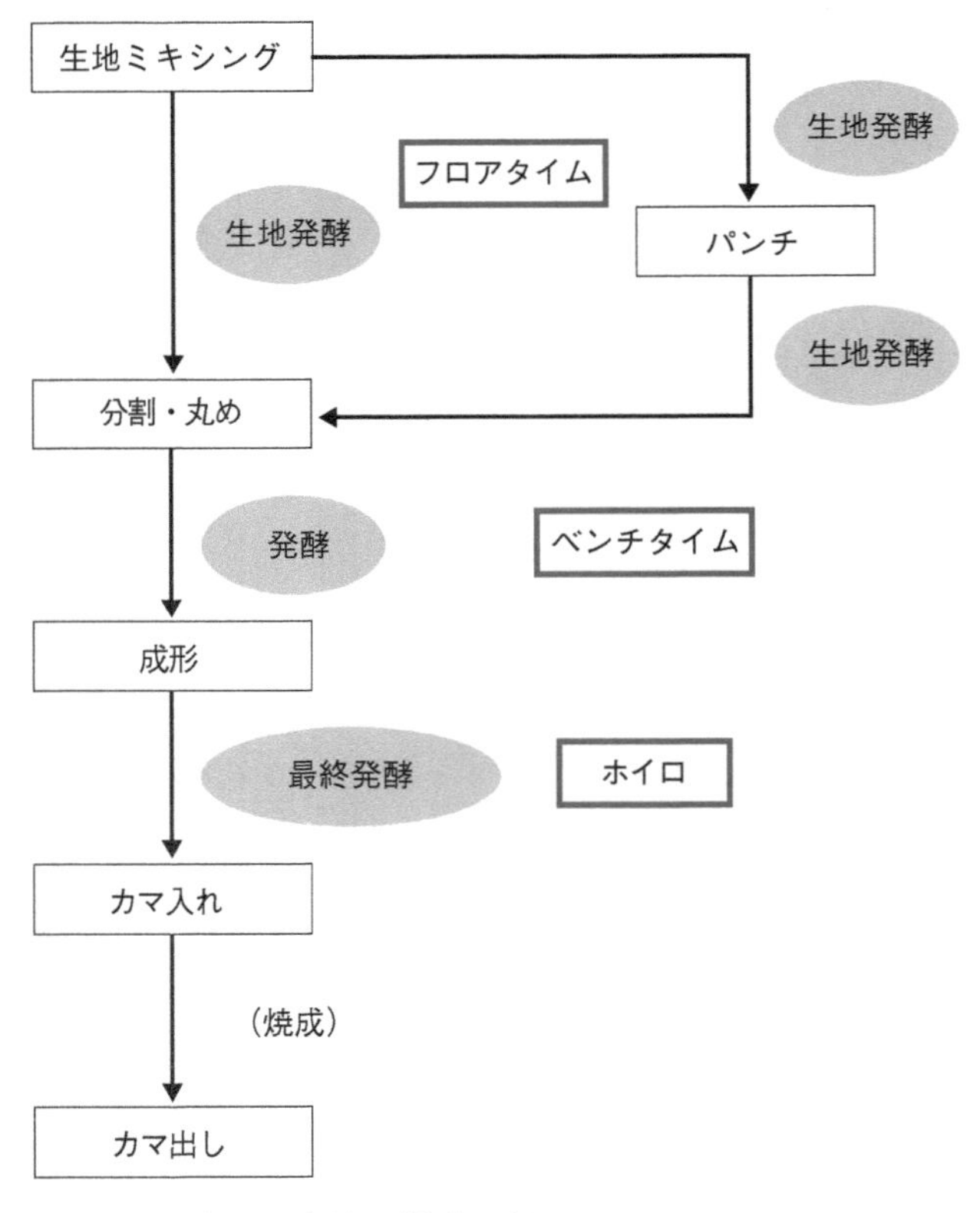

図4-1　ストレート法の製造工程

◎パンチ／ガス抜き（punch）

原則的には「ストレート法」の生地発酵時に行われますが、行われない場合もあり、その場合「ノーパンチ」と呼びます。パンチは、膨張した生地を叩いたり、押さえたりした後に生地を折りたたんで発酵容器に戻し、再び生地を発酵させることです。パンチの目的は二つあります。一つは生地内の炭酸ガスを放出し、新たに酸素を取り込むことでイーストの活性化を図ること。もう一つは生地の膨張により弛緩したグルテン組織を叩いたり折りたたんだりして、物理的な「力」を加えグルテン組織の緊張強化を図ることです。

また、パンチを行う場合にはその生地の特性や状態に応じて、パンチの強弱や方法を調整する必要があります。パンチした生地を再び発酵・膨張させるので、パンチ前の発酵とパンチ後の発酵の名称を一次発酵と二次発酵または前発酵と後発酵と区別する場合もあります。

◎分割・丸め（dividing & molding）

「分割」とは発酵した生地を一定の重量に切り分けること、「丸め」とは分割した生地を表面に緊張をもたせた状態で基本的に球状に加工する作業を指します。通常、分割した生地は直後に丸めをしてパン箱や取り板に並べられます。球状にする意味としては、手作業で丸めの作業が迅速

ミキシング前に入れる分量

材料	小麦粉使用全量に対する割合	重量（計算式）
小麦粉	100.0%	4,000g(4,000g×100/100)
食塩	2.0%	80g(4,000g×2/100)
インスタント・イースト	0.4%	16g(4,000g×0.4/100)
モルトエキス	0.5%	20g(4,000g×0.5/100)
ビタミンC	5ppm	0.02g(4,000g×5/1,000,000)
水	68.0%	2,720g(4,000g×68/100)
(合計)	約171.0%	約6,840g(4,000g×171/100)

＊1ppm (part per million) ＝1/1,000,000

表4-1　生地の配合例：フランスパン

かつ同じ形状に加工しやすい形であることと、成形時の汎用性が高くいろいろな形に加工しやすい形であることです。また、丸めをする場合にはその生地の個性に応じて、丸めの強弱や形（丸形、なまこ形など）を調整することもあります。

◎ベンチタイム（bench time）

丸めを終えた生地の緊張を緩和して、生地の伸長性・伸展性を回復させる時間を指します。丸め直後の生地はグルテン組織の弾力性・復元性が強く成形できません。ここでさらに生地を発酵させることでグルテン組織が弛緩するので、生地の伸長性・伸展性が回復します。実際、ベンチタイムを終えた生地は一回りほど大きくなり、生地が発酵・膨張したことがわかります。その昔は分割して丸めた生地を作業台（bench）の傍らで休ませてから成形していたので、パン生地の丸めと成形の間のことをベンチタイムと呼ぶようになったのです。

◎成形（make-up）

ベンチタイムを終えた生地をいろいろな形に加工することです。基本的な形として、球状、楕円球状、棒状、板状、包みものなどがありますが、最終製品であるパンの形状を考慮して形を決めます。成形した生地はオーブンプレートに並べるかパン型に詰めるかします。また、直焼きパン（窯床に直接パンをおいて焼く方法）の場合は、成形した生地を布取り（大きな１枚の布をうねらせてパン生地をおいていく方法）するか発酵かごに入れて最終発酵をさせます。

◎最終発酵／ホイロ（final proof）

成形を終えた生地を最後に発酵させる時間です。ここでは焼成直前の生地の膨張が求められるので、より正確な生地の発酵状態の見極めが重要となります。たとえば、最終発酵が未熟の生地は焼成中にカマ伸び（温度が上がってさらに膨らむこと）せずに、ボリュームに欠けたパンとなり、過多の生地はパンの形が乱れたパンとなります。さらにパン生地の物性の限界を超えた発酵過多の生地は、ガス保持力を失うのでガス漏れを招き、パンがしぼむことがあります。これをパンが「ダウン」すると表現します。

◎焼成（baking）

発酵したパン生地をオーブン庫内に入れ、一定時間加熱することでパンに焼き上げる作業のことです。カマ入れからカマ出しまでの時間を焼成時間といいます。

■中種法（Sponge-Dough Method）

中種法とは第二次世界大戦後、アメリカから日本に技術およびプラント輸入された製法です。中種（Sponge）は発酵種の一種で、まず全使用量の50%から100%の小麦粉と水、イーストで作ります。その中種を1～72時間（通常は1～4時間）発酵させてから、残りの配合を加えてパン生地を作製します（図4-2）。

日本における中種は大別して食パン系と菓子パン系に区別され、前者を中種、後者を加糖中種と呼称しています。一般に食パン系の中種は使用する粉の70～80%の粉と水、イーストで中種を作製します。一方、日本独自の菓子パン系の中種は食パン系の中種に、全配合量の5～10%の糖質（砂糖類）や時には卵、油脂などを加えて中種を作製します。日本の菓子パンは糖質の配合比が一般に対粉30%前後と高く、一度に糖質を加えると、パン生地が高濃度、高浸透圧となりま

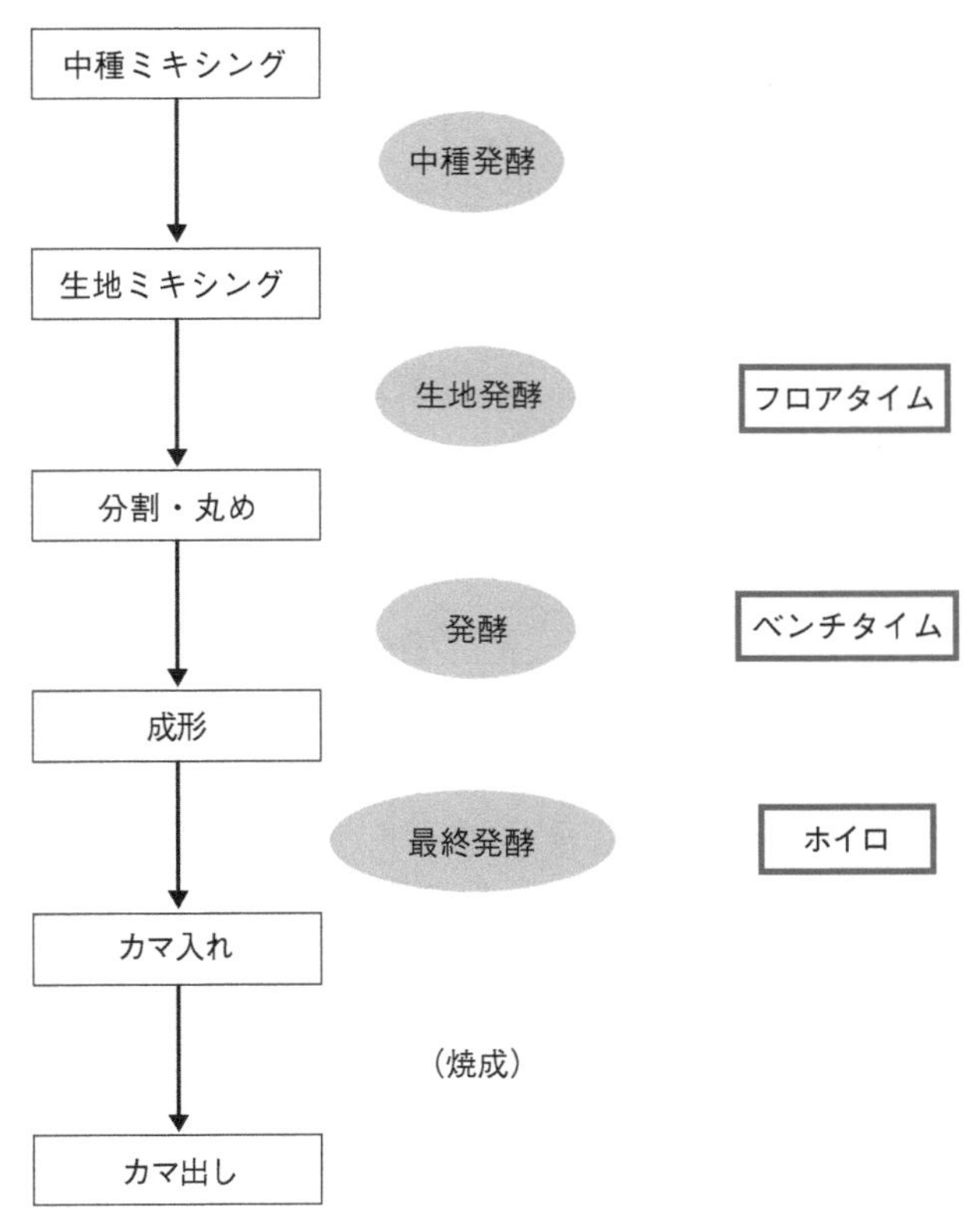

図4-2　中種法の製造工程

中種の分量

材料	小麦粉使用全量に対する割合	重量（計算式）
小麦粉	70.0%	1,400 g (2,000 g ×70/100)
生イースト	2.0%	40 g (2,000 g ×2/100)
水	45.0%	900 g (2,000 g ×45/100)

中種に加える分量

材料	小麦粉使用全量に対する割合	重量（計算式）
小麦粉	30.0%	600 g (2,000 g ×30/100)
砂糖	5.0%	100 g (2,000 g ×5/100)
食塩	2.0%	40 g (2,000 g ×2/100)
脱脂粉乳	3.0%	60 g (2,000 g ×3/100)
バター	5.0%	100 g (2,000 g ×5/100)
水	25.0%	500 g (2,000 g ×25/100)
（合計）	187.0%	3,740 g (2,000 g ×187/100)

表4-2　生地の配合例：食パン

す。その結果、イーストの細胞壁を破壊し、イーストの活性を低下させる恐れが生じる（p. 82参照）ので、それを回避するために糖質の添加を中種と生地との2回に分ける方法が取られています。

図4－2の用語を、ストレート法と異なるものについて解説します。

◎中種ミキシング（sponge mixing）

全粉量の50～100％の小麦粉と水、イーストでミキシングして中種を完成させます。通常は材料が混ぜ合わさり生地がまとまる程度にミキシングします。中種法の場合、原則としてイーストは中種に投入します。

◎中種発酵（sponge fermentation）
中種を十分に発酵・熟成させて、必要なボリュームに膨張させるのに要する時間です。発酵を終えた中種に残りの材料を投入し、再度のミキシングで生地を完成させていきます。

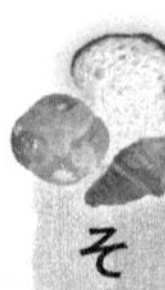

その他のパン製法

今日の日本では世界中のパンが紹介されており、世界でも類をみないパンの種類の多い国といっても過言ではないでしょう。パン製法においても、フランス、ドイツなどのヨーロッパ諸国やアメリカから学んだ数多くの製法が存在します。お国が違えば、言葉も違います。独特の個性的な製法もあれば、同じような製法でも呼び方がかわるものもあります。今回、本書ではそれらの数多くある製法を筆者なりに整理してみました。

現代の発酵パンの製法は、ストレート法、中種法、発酵種法の三つに分かれます。発酵種法には、液種、生地種、ライサワー種（自家製パン種の一つ）など、それぞれの種によって細分化された製法が存在します。また、中種法は厳密にいうと発酵種法の一種と考えられますが、前項で述べたように、今日において世界規模で最も一般的な二大製法としてストレート法と並び紹介されることが多いので、図４-３のように位置づけました。

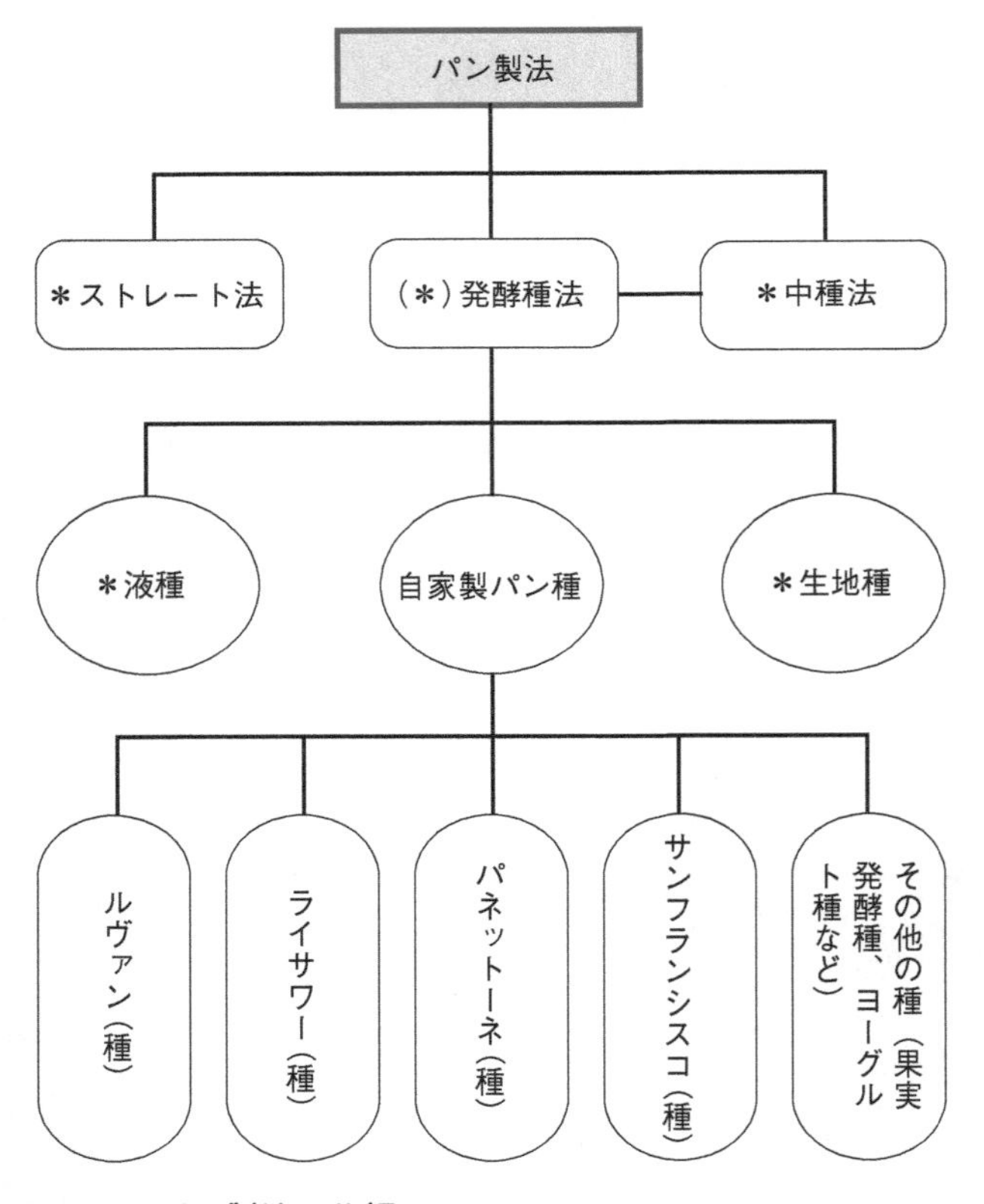

図4-3　パン製法の分類

＊はイーストを使用

■発酵種法

①液種（ポーリッシュ）

本書でいう液種法とは、全粉量の30〜40％の小麦粉に、水を基本１：１で配合し、それに微量のイーストと塩を加えて液種（水種）を作り、12〜24時間発酵・熟成させたものです。その液種に残りの小麦粉と水、イーストと他の副材料も加えて、生地ミキシングによりパン生地を完成させます。低温で長時間発酵させるので発酵生成物や素材の風味がよく反映され、主としてバゲットなどのハード系やリーンな配合のパンに用いられます（図４-４）。

ポーリッシュとも呼ばれるのは、19世紀にポーランドで、ドロッとした液種の自家製パン種がパン生地に使用されていたことからです。１９００年代はじめに工業製品のイーストが開発されると、１９２０年代にはフランスでイーストを使用した液種が開発されました。そこでフランス人がもともとはポーランド生まれともいえる液種を使った製法を、ポーリッシュ法と名づけたようです。

また、液種を使って、リッチな生地を短時間で膨張させるパンも、各地で伝統的に作られています。たとえば、イギリスやアメリカのドーナツ、ドイツのシュトーレン、イタリアのパネットーネがあげられます（第８章参照）。それぞれに使われる液種の呼び方が違い、ドーナツにはス

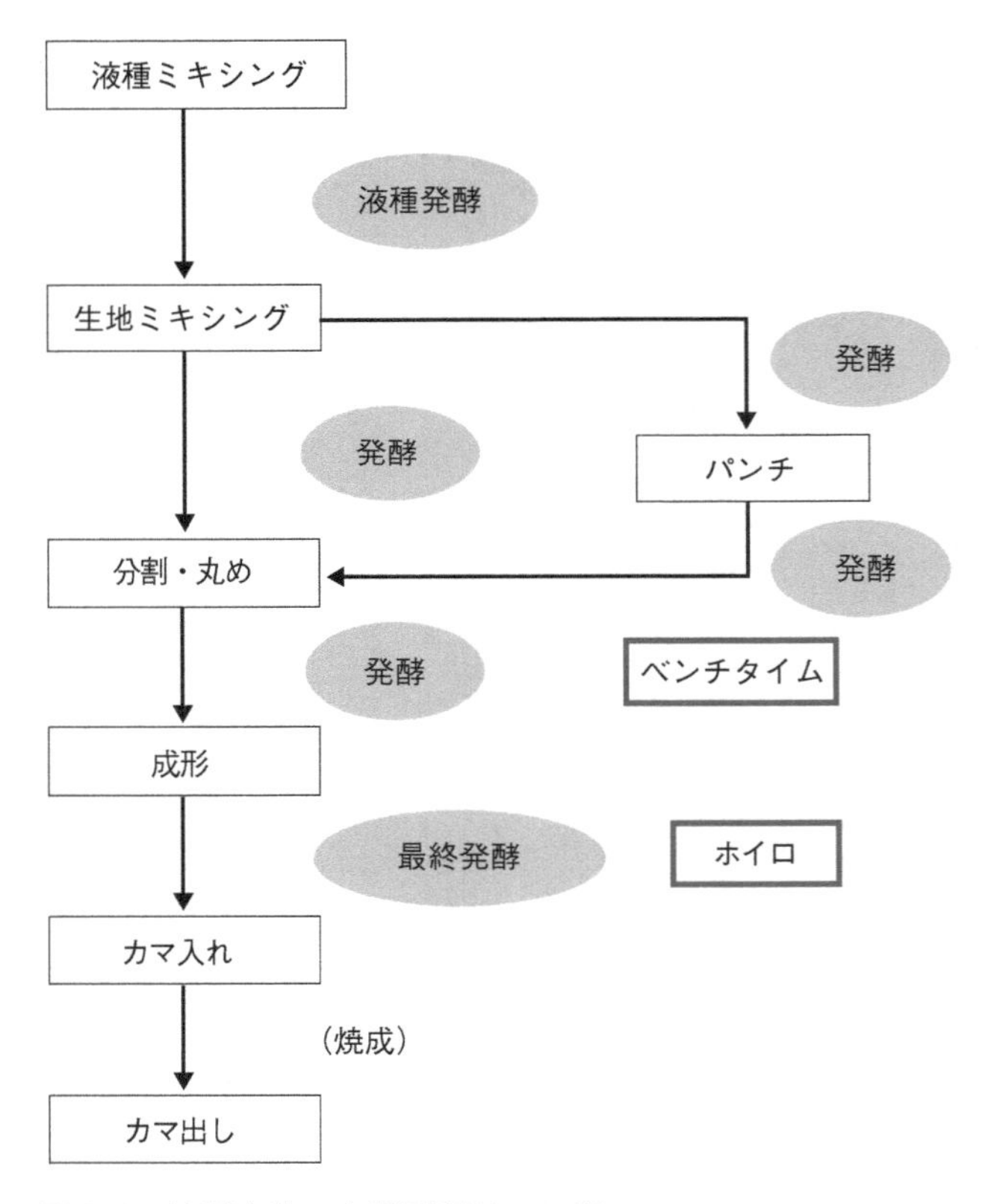

図4-4　液種を使った発酵種法の工程

タータ一、シュトーレンにはアンザッツ、パネットーネにはビーガで、これらはすべて同じものです。イーストを多量に使用すること、常温で発酵させること、短時間で発酵させること、とリーンなパンの製法とは大きく違っているので、仕上がりも当然違ってくるのです。

②生地種

本書における生地種とは、中種以外の生地種全般を指します。全粉量の25〜40％の小麦粉にイースト、塩、水を加えて種生地を作り、12〜24時間発酵・熟成させます。その生地種に残りの小麦粉、水、イーストと他の副材料も加えて、生地ミキシングによりパン生地を完成させます。液種同様、低温で長時間発酵させるので発酵生成物や素材の風味がよく反映され、主としてハード系やリーンな配合のパンに用いられます。

伝統的にはドイツのフォアタイクなどが代表的な生地種といえましょう。

③自家製パン種

自家製パン種と天然酵母の定義は、さまざまありますが、ここでは同義として説明します。自家製パン種を作るためには、まず穀類をはじめ果実類、野菜類、根菜類などに付着している野生の菌類（酵母や細菌など）を栄養分の高い培地の中に取り込んで培養します。そこで培養された菌類をもう一度、小麦粉やライ麦粉の培地に移植して培養、そして発酵・熟成させたものを、パンに使用する自家製パン種と呼んでいます。

工業製品のパン用酵母はその属種や菌体が単一種に限定され、効率良く培養されるので単位あたりの菌数が1gあたり100億以上と非常に多くなります。一方、発酵種中の酵母群や細菌群はすべての属種の同定は不可能であり、菌数においても純培養されたものと比較すると1gあたり数千万〜数億でその差は100〜1000倍となります。つまり自家製パン種で作られたパン生地は発酵力・膨張力に乏しく、必要な発酵時間が著しく長くなるのです。

そういった自家製パン種の非効率な短所はありますが、長所もあります。自家製パン種の中には酵母以外の細菌群（乳酸菌や酢酸菌など）も多く生息し、それらがイーストと共存しています。自家製パン種で焼き上げたパンの香味成分は工業用イーストを使用して焼いたパンのそれに比べても豊かです。エタノールの生成量は減りますが、その分バリエーションに富んだ生成物がパンの風味を向上させるのです。アルコール発酵はもとより乳酸発酵・酢酸発酵などによって生成される有機酸（乳酸、酢酸、クエン酸、酪酸など）や芳香性のアルコール類、野生酵母の生成するアルデヒド類や、アセトインというヨーグルト、バター様の香気成分などが風味に大きく寄与します。発酵果汁由来のエステル類やメイラード反応による香気成分フルフラール類がさらに厚みを加えているようです。

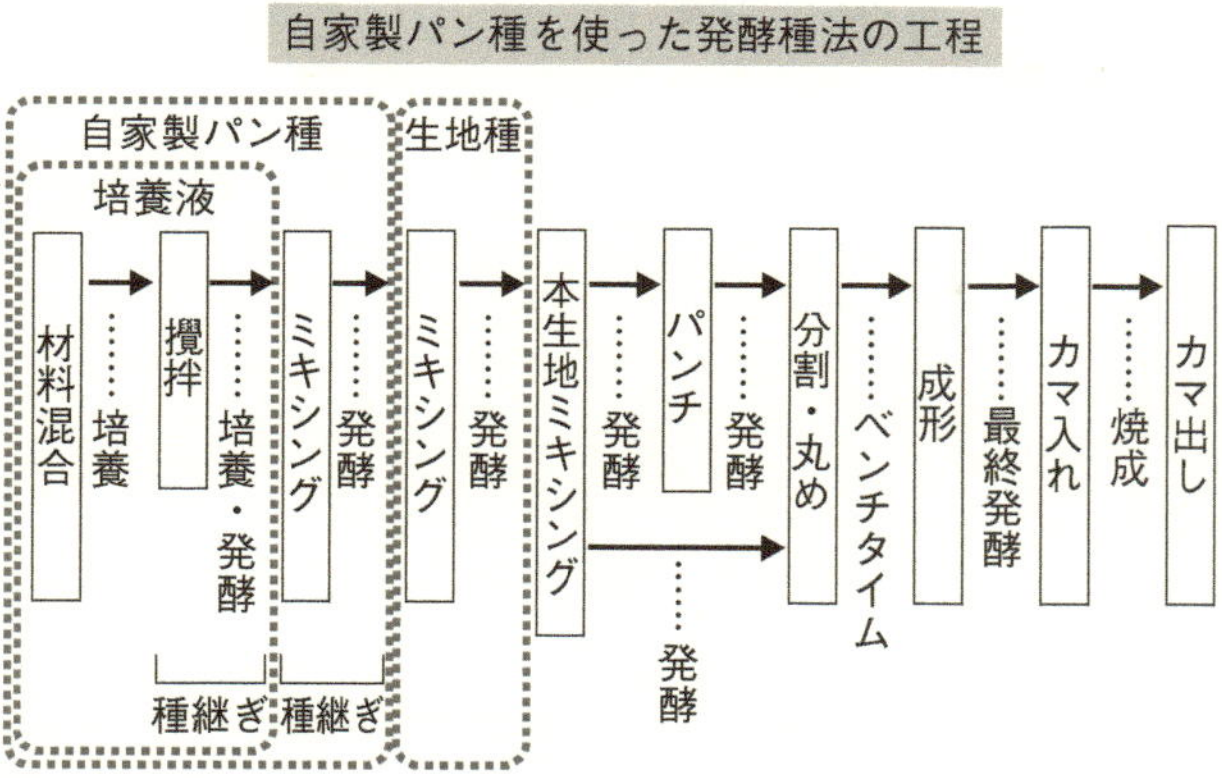

自家製パン種を使った発酵種法の工程

自家製パン種
培養液
生地種
材料混合……培養
攪拌……培養・発酵
ミキシング……発酵
ミキシング……発酵
本生地ミキシング……発酵
パンチ……発酵
……発酵
分割・丸め……ベンチタイム
成形……最終発酵
カマ入れ……焼成
カマ出し
種継ぎ
種継ぎ

図4-5　自家製パン種を使った発酵種法の工程

ここでは、自家製パン種の代表的なものとしてライサワー種について、また身近なものからできる種の例として果実発酵種とヨーグルト酵母について、説明します。

【ライサワー種（サワー種）】

ライサワー種は主にライ麦パンに用いられ、ライ麦粉と水のみ（少量の塩が配合される場合もある）で作られる発酵種です。ドイツでは「ザワータイク（酸っぱい生地／種）」と呼ばれています。ライサワー種は元になる初種（アンシュテルグート）をおこすところからはじまります。初種はライ麦粉と水を練り合わせたものを4～5日かけて種継ぎしながら発酵・熟成させたもので、さらに1～3回の種継ぎを行ってライサワー種に仕上げます。そしてこのライサワー種に他の材料を

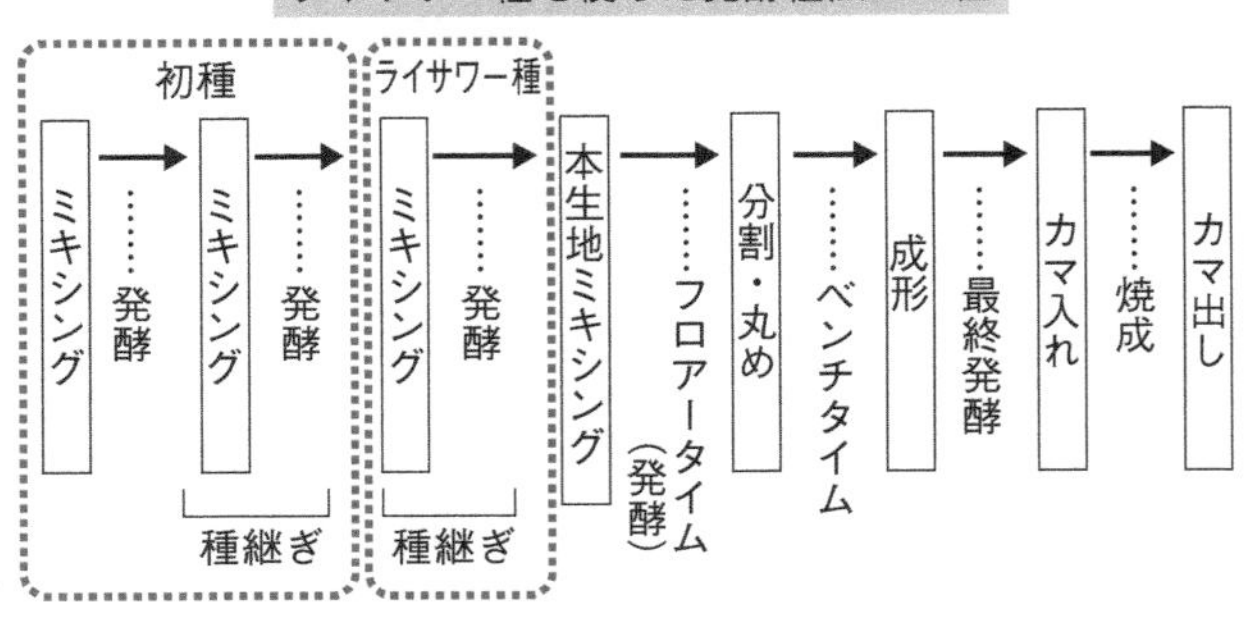

図4-6　ライサワー種を使った発酵種法の工程

加えて、練り合わせ、生地を完成させ、分割・丸め、成形、焼成などの作業を経てライ麦パンを完成させます（図4－6）。

ライ麦には多くの乳酸菌が付着しています。最初の発酵段階において、その乳酸菌が水を得て活性化し、糖質（グルコースやペントース）を分解する乳酸発酵をはじめます。また乳酸発酵は、乳酸菌の属種の違いでホモ乳酸発酵とヘテロ乳酸発酵に分かれます。実際のライサワー種の中にはホモ乳酸発酵とヘテロ乳酸発酵に誘導する乳酸菌が混在しています。ホモ乳酸発酵とは発酵生成物が純粋に乳酸だけなのに対して、ヘテロ乳酸発酵は乳酸、酢酸、エタノールなど複数の生成物を生成します。いずれの場合も乳酸が生成され、種が酸性化します。

pHが4・5以下になると、ライ麦由来のイーストが活性化して増殖をはじめます。これによりイーストと乳酸菌、酢酸菌などが共存・共栄することで、エタノール、乳酸、酢酸などの有機酸と炭酸ガスを十分に包含した発酵種へ熟成していきます。この初種を複数回の種継ぎをして、やっと仕上げ種（ライサワー種）が完成されます。

この仕上げ種とパン生地の他の原料とをいっしょにすることで、「ハオプトタイク」と呼ばれるライ麦パン生地が完成し、いわゆるライ麦パンを焼くことが可能となります。

ここで、ライ麦粉の特性について解説を加えます。

まず小麦粉と大きく違ってくるのは、ライ麦タンパクはグルテンを形成しないことです。

ライ麦粉の主要タンパクは水溶性・塩溶性のアルブミンとグロブリン、アルコール可溶性のプロラミン（小麦ではグリアジン）とアルカリ可溶性のグルテリン（小麦ではグルテニン）で占められます。グルテリンはグルテニンと同種のタンパクではありますが性質は異なり、グルテン組織を形成しません。プロラミンとグリアジンはその性質が似ており、水と結合することで粘性をもちます。

すなわち、ライ麦粉だけのパン生地の場合は生地の粘性はあるのですが、グルテン組織が存在しないので生地内のガス保持力の欠損につながるのです。また、生地の伸長性はあっても、弾性がないのでパンのボリュームも欠けることになります。

そこでペントサンの存在が重要になってきます。

ペントサンとは、ライ麦粉に約８％含まれるペントースの高分子ポリマーです。デンプンは六炭糖のグルコース（ブドウ糖）で構成されていますが、ペントサンは五炭糖のペントースで構成され、約40％の可溶性ペントースと約60％の不溶性ペントースからなります。

可溶性のペントースは水といくつかの糖質分解酵素に溶解してコロイド（液状の中にある種の微粒子が凝固・沈殿することなく分散した状態）となり、その後ゲル化（溶媒中のコロイドが相互作用により凝集して網状組織を形成し、溶媒を多く含んだ状態で固化する）します。重量の約8〜10倍の水分で加水分解された後にゲル化するのですが、その水分の大半をゲル内に保持しています。

このように一般的なライサワー種の場合、初種がグルテンの形成なしに生地の形状を保てるのはライ麦粉の中にペントサンが存在するからなのです。また、残りの不溶性のペントースは酵素の影響も受けにくく、水と結合した状態で加熱により固化するので、クラムのスポンジ組織を強化・安定し、目の詰まった粘弾性のあるクラムを形成するのです。

そしてもう一つ、ライ麦デンプンは糊化温度が低いという特性があげられます。

ライ麦粉の約60％を占めるデンプンは小麦デンプンと同様に加熱により、水和・膨潤を経て糊化し、さらに加熱によって最終的に糊化します。ライ麦デンプンの糊化温度が小麦デンプンのそれより10℃ほど低いため、糊化が始まってから長時間焼成されることになります。そのため分厚いクラストを形成します。

【果実発酵種】

果実発酵種としては、リンゴとレーズンが最も一般的な素材で、風味のよさとその発酵力が評価されています。

リンゴ栽培の歴史は古く、紀元前数千年より中央アジアの山岳地帯から、西アジアの寒冷地が原産地とされています。その後ヨーロッパ各地に広まり、ギリシャ時代には野生種と栽培種が区別され、ローマ時代には種々のリンゴを記した文献も残されており、ヨーロッパでは古くから果実種を作るのに利用されていました。平均的なリンゴは糖度が12～14、酸度が０・４～０・５と、さわやかな甘味とすがすがしい酸味を感じさせ、その風味はパンにも生かされ、ハード系のパン種などに使われています。

レーズンの歴史も古く、紀元前12～紀元前９世紀にはブドウの実を乾燥させてレーズンを作っていたといわれています。レーズン用のブドウは完熟したものを使用し、さらにこれを天日乾燥させることによって自然の甘味が凝縮されます。また、ブドウのように糖質を多く含む果実の表皮には酵母が多く生息（付着）しています。レーズンをたっぷりの水に漬けた培地は酵母の大好物のブドウ糖と果糖も多く含まれているので、自家製パン種の培地としては最適といえます。

【ヨーグルト種】

ヨーグルトは、人類が哺乳動物を飼い馴らし、初めてその乳を飲んだ頃とほぼ同時期に加工された最古の乳製品とされています。当時皮袋などに詰めていた乳が、数時間も経つとドロッとした状態のものに変化したのがヨーグルトのはじまりのようです。これは乳の中の乳酸菌が乳糖を分解して乳酸発酵し、それによって生成される乳酸によって乳タンパクが凝固したからです。現在、われわれがヨーグルト（英語：yogurt）と呼んでいるものの語源はヨウルト（トルコ語：yogurt）で、その意味は「攪拌すること」です。

今日の日本では、ヨーグルトは牛乳や脱脂粉乳などに2～3種類乳酸菌を加えて発酵させて作る発酵食品または発酵乳と定義されており、原料としては牛乳のほか、水牛、羊、山羊の乳などもあります。また、一般市場に出回っているヨーグルトは、1gあたり1億以上の生きた乳酸菌がいます。

発酵種にした場合、それらが乳酸発酵して乳酸を生成するので種そのものが酸性となります。種のpHが4・5以下になると種中のイーストが活性化し、その結果イーストのアルコール発酵も促進されるので種の発酵・熟成がすみやかになります。ヨーグルトでおこした発酵種は発酵力が強く安定していて、ハード&リーンからソフト&リッチまで、汎用性があるといえましょう。

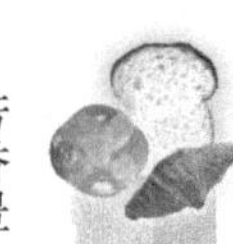

フランスパンの製法

芳香豊かに金色に輝くフランスパン！　クラストがパリッと、クラムはしっとり嚙みごたえがあり味わい深く、ワインやビール、ハムやチーズがあれば最高です。もちろんそのままバターを塗ってムシャムシャ食べてもよし。焼きたてでも、粗熱がとれた段階でも、それぞれ味わいがあります。では、このフランスパンは、これまで解説してきた、どの製法でできるのでしょうか。

フランスパンには、実はこれが「フランスパン製法」だというものはありません。フランスパンは一番、いろいろな製法が試されているというか取り組まれているというか、さまざまな製法が可能なパンなのです。フランスパンは基本的に小麦粉、イースト、塩、水だけで製造できるもっともリーンなパンの一つですから、使用する素材が少ないゆえに逆に制約が少なく、製法のバリエーションが広がったと考えられます。さらに日本のベーカリー事情として、リテイルベーカリーの技術者やパン職人の方々を筆頭に、パン業界全体が、より美味しいフランスパンを求めて製法の見直しや配合の改善、改良に日々努めていることも大きな要因でしょう（表４－１）。

その中でも代表的な製法はというと、前述のストレート法、発酵種法、中種法のほかに、冷蔵発酵法（低温長時間発酵）、多加水生地法、といったものがあげられます。

冷蔵発酵法とはイースト量を極端に減らし、冷蔵発酵させた生地を使用して、パンにする製法で、低温で長時間発酵させた生地は発酵生成物も多く、芳香豊かなしっとりとした食感のパンになります。多加水生地法とは、多めの水を加えて非常に柔らかい生地のパンにする製法です。特にリーンなハードタイプのパンに用いられてストレート法や発酵種法と併用されます。

クロワッサンvs.パイ！

この章ではごく基本の発酵パンの製法について解説してきましたが、ここではクロワッサンに代表される「折り込み生地」の製法について話を進めましょう。

クロワッサンとパイの一番の違いは、生地を発酵させるかさせないかです。パイの折り込みパイ生地（無発酵生地）の代わりにパン生地（イーストを使用した発酵生地）を使用したものがクロワッサンということになります。クロワッサンはパイほどパリパリ、サクサクはしていませんが、ボリュームがあり表面がパリッとしていて中身はしっとりした食感が最大の特徴です。

以下、発酵以外の点で、簡単にパイとクロワッサンを比較してみましょう。まずクロワッサンのほうが水分がやや多く生地はやや柔らかいことがあげられます。これは、発酵生地を膨張しやすくするためです。

$Y=3^x+1$

x	Y	式
3	28	3^X+1
6	730	3^X+1

〈3つ折りの生地の場合〉
クロワッサンの生地は３つ折りで３回（x）折るから，$3^3+1=28$ 層
パイの生地は３つ折りで６回（x）折るから，$3^6+1=730$ 層

Y：生地の 層の数
x：生地の折り込み回数
最後に１を足すのは……油脂をはさんだ生地が上下２層になっていることによる

表4-3　クロワッサンなどの層の計算式

次に、強力粉比率が高く、一般的にクロワッサン生地は強力粉：薄力粉＝５：５となっています。クロワッサンは発酵生地なので、生地のガス保持力を高めるためにグルテンの強化が必要となるためです。

そしてクロワッサンにはグラニュー糖、脱脂粉乳など、多少副材料が配合されます。少量の糖類の添加は、ほのかな甘味を供給し、イーストの栄養源にもなり、クラストカラーの改善に寄与する、という利点があります。

また、折り込む油脂量は、パイ生地が小麦粉の重量に対して75％前後なのに対して、クロワッサンは50％前後と少なく、生地層は、一般的にパイ生地が７３０層程度であるのに対して、クロワッサンは28層と著しく少なくなっています。層の数には、折り込み回数から求める計算式があり（表４－３）、クロワッサンは通常３つ折りを３回繰り返すので、それを当てはめると28層となります。パイ生地は３つ折りを６回繰り返すので、７３０層となります。この計算となるしくみは、図４－７

のように油脂層によって層が分けられ、折ったときにくっつく生地層は1層になるからです。折り込み回数が少ないクロワッサンは油脂量が少なくなり、折り込み回数の多いパイは、油脂量を増やさないと、5〜6回と折り込んでいくときに生地と油脂の層がバランスよくできあがってこ

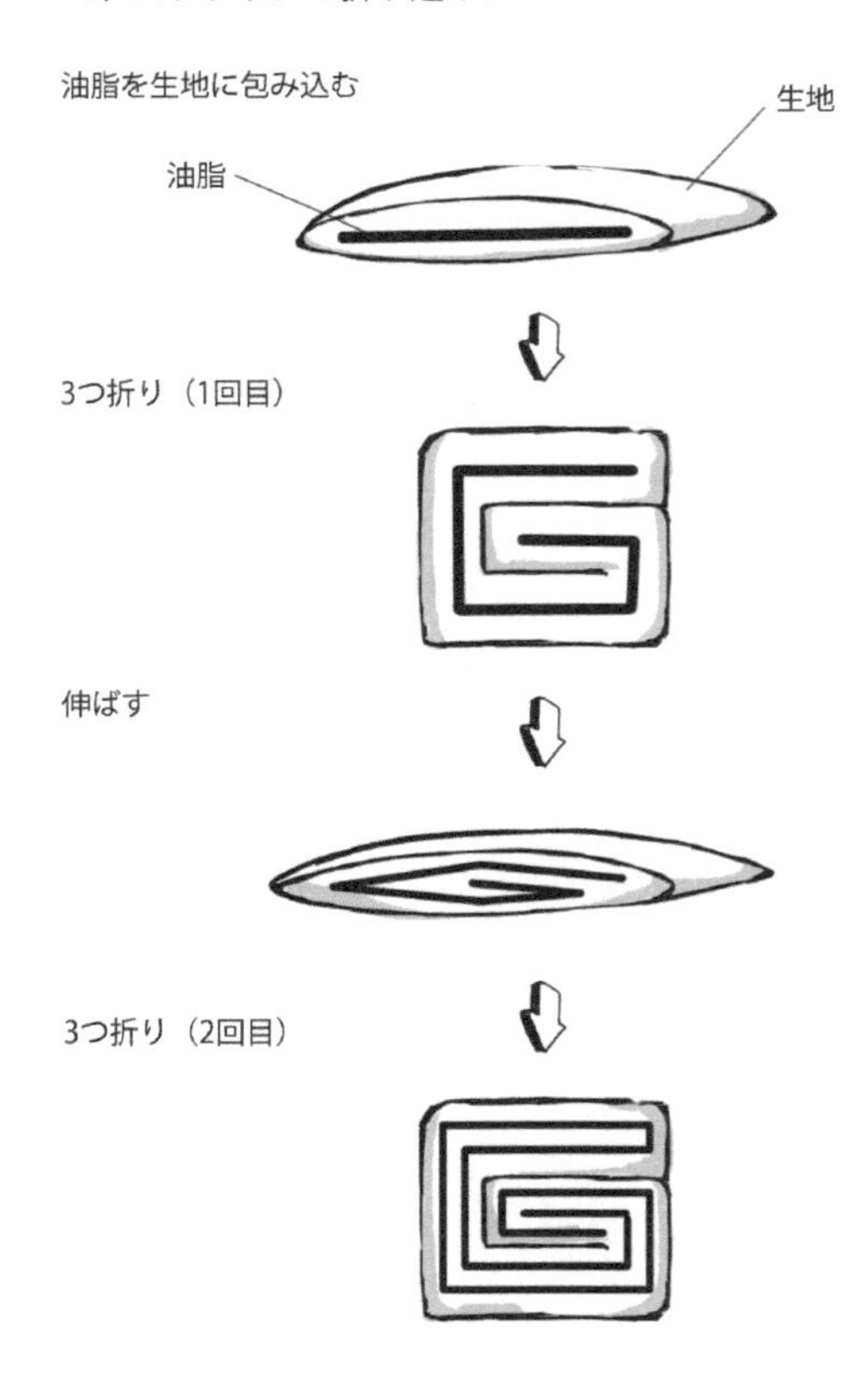

図4-7　クロワッサンの折り込み

ないのです。

折り込みパイもクロワッサンも基本的にリーンな配合の生地ですが、生地にたっぷりとバターやマーガリンを折り込み、それらの風味を十分に生かそうという製法です。いずれも焼成時に油脂層の油脂は加熱によって溶けて流れ出します。その流出したバターやマーガリンが生地に浸み込んで濃厚な風味を醸し出します。また、さらに加熱されることで油脂を含んだ生地から水分が蒸発して、パイは全体的にパリパリ、サクサクとし、クロワッサンはクラストがパリッとして、中身は発酵生地のクラムのおかげでしっとりとした食感となります。

また、甘くて魅力的なデニッシュ・ペーストリーは、同様にパンとパイが合体したようなものです。その製法もパン生地の発酵過程とパイ生地の折り込み過程が必要となります。

生地と油脂の折り込み作業は、要冷蔵のバターの場合、生地の管理温度は５℃前後となります。バターの折り込み作業は生地とバターの温度と硬さが近似していないと、スムーズな作業が難しくなります。すなわち、生地の芯温を５℃前後まで下げる必要があるので、当然のことながら、パン生地は冷蔵発酵（低温長時間発酵）となります。また、一般にデニッシュ・ペーストリーはクロワッサンよりもリッチな配合で折り込み油脂も多くなりますが、製法そのものはクロワッサンと同様となります。

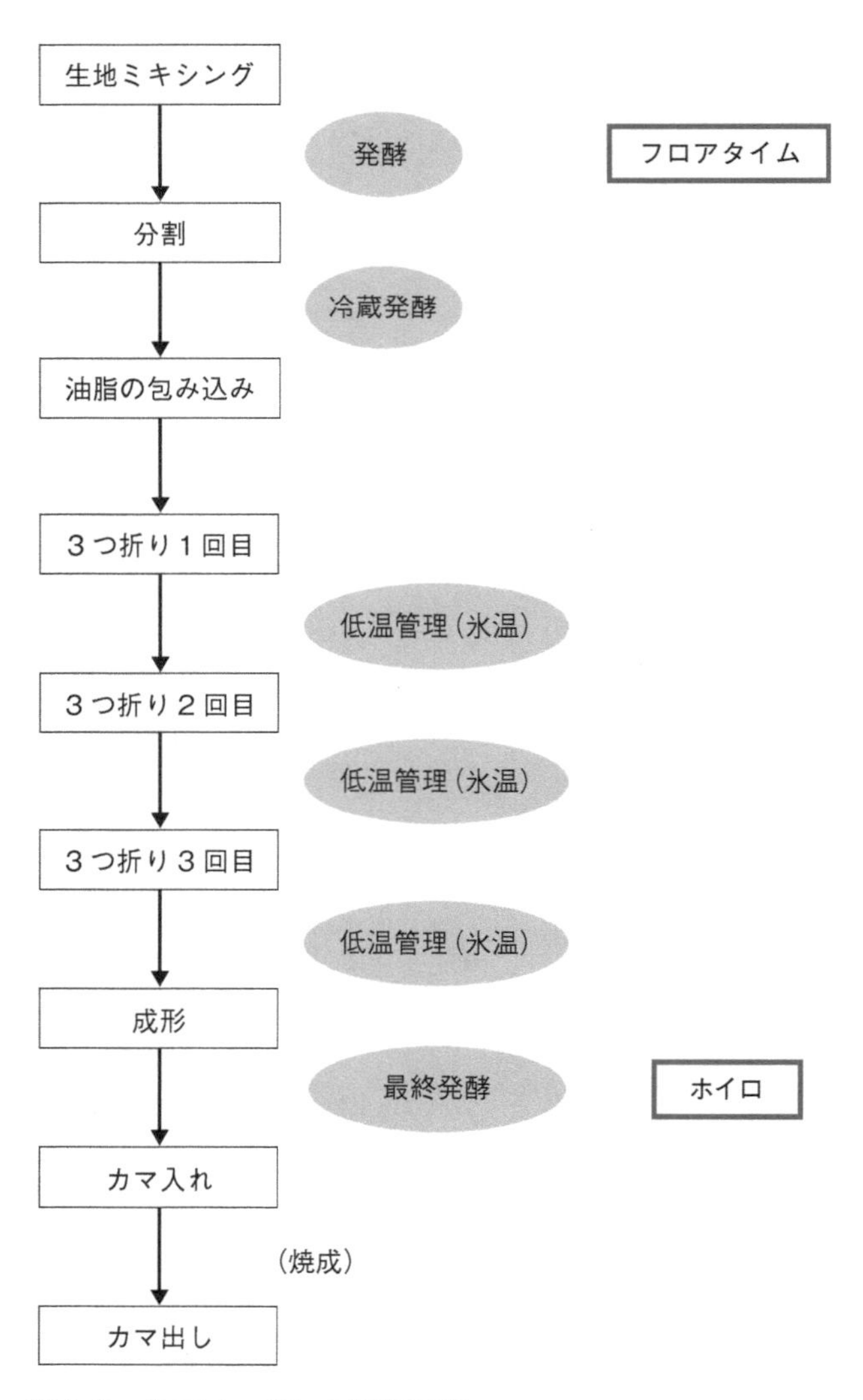

図4-8　クロワッサンの製造工程

5 パン作りのメカニズム

第4章でパン作りの工程の流れを紹介しましたが、第5章では、一つ一つの工程で何がおこっているかを追っていきたいと思います。パンが誕生するまでには目には見えない数えきれないほどのさまざまな化学反応と生成物が存在します。この章では、混ぜることによって生まれたパン生地がパンに焼き上がるまでを順に追いながら、「パン作りのメカニズム」について解説を加えていきます。

1 「こねる」と何が変わるのか？

材料の混合から化合物へ

まずパン作りの最初の工程である「こねる」という作業から解説していきます。こねることによって、生地を作ることを「ミキシング」と呼びます。ミキシングをすることで、小麦粉をはじめとする生地の材料がこね合わせられ、パンの骨格となるグルテンを形成してパン生地となります。また、生地は徐々に完成していくので、ミキシングの工程は基本的に4段階に分類されます。

第1段階は、材料の混合段階（Blend Stage）です。主原料の小麦粉、水、イーストをはじめとする各材料を均一に分散させて混合します。砂糖、塩など水溶性の化合物は加水分解しはじめます。まだこの段階ではグルテンはできていないので、生地とはいい難い状態です。

第2段階は、生地のつかみ取り段階（Pick-up Stage）です。水の一部が小麦粉中のタンパク質に吸収されて結合水となり、その他の材料もいっしょに吸着しながら一塊の生地になっていきます。生地をつかんで引っ張ると、プッツリとちぎれる状態で、生地表面はベタベタした感触です。

第3段階は、生地の水切れ（水和）段階（Clean-up Stage）です。ミキシングが進むにつれて徐々にグルテンが形成されて生地の水和が進みます。生地の表面に浮いた状態で付着している微細な水滴が生地に吸収されて、生地表面のベタつきがなくなります。油脂を加えるときは、油脂を加える前にこの段階を完了させたほうがいいでしょう。というのは、生地表面に遊離した水（水分子が独立して存在する状態）があると、水と油脂がはじき合うため油脂の浸透に時間がかかってしまうからです。

第4段階は、生地の結合・完成段階（Development/Final Stage）で、生地の水和と酸化とともに、グルテンが十分に発達して立体的な網目構造が完成した段階になります。生地は弾力に富み、表面はスベスベして光沢がある状態です。やわらかい生地であれば、生地の一部を手にとってゆっくり押し広げていくと、やがて指の指紋が透けて見えるくらい薄い膜になります。

ちなみに、こねすぎる（オーバーミキシング）と、さらに2段階で状態が変わっていきます。第5段階では、生地の麩切れ段階（Let Down Stage）となり、グルテンの弾性が弱まり、生地の伸展性が進んで、生地中の遊離水が表面に滲み出してきます。ただ、この段階では後の処理を適切に行えば、生地の回復が可能となります。第6段階の生地の破壊段階（Break Down Stage）になるまでこね続けると、生地はドロドロの状態になり、つかむことさえできず、いかなる処置を施しても生地の回復が不可能となります。

パン生地は第1段階から第4段階へと進むにつれ、第3章で述べたような、いろいろな化学反応が生じます。たとえば、水は小麦タンパクに吸収されることで自由水から結合水へ変化し、タンパクはペプチド結合やジスルフィド結合（S－S結合）、共有結合を繰り返すことで高分子のグルテンを形成します。また、砂糖の加水分解でできたブドウ糖や果糖を、イーストが代謝してアルコール発酵します。それらの化合物がやがてパンの骨格となり、パン生地が膨張するためのガス源となるわけです。

パン生地の弾性と粘性

第3章で述べたことのおさらいになりますが、小麦粉に含まれる主要タンパク質はアルブミン、グロブリン、グリアジン、グルテニンの4種類、そのうちグルテン形成およびその物性に中心的な役割を果たしているのはグリアジンとグルテニンで、全タンパク質の約80％を占めます。

グルテニンは水、中性塩水溶液、アルコールに不溶で、高分子量（ＨＭＷ）グルテニンと低分子量（ＬＭＷ）グルテニンのサブユニットに分けられます。高分子量グルテニンと低分子量グルテニンの双方ともにシステイン残基（ＳＨ基）をその末端にもち、分子間のジスルフィド結合によって巨大なグルテニンポリマーを形成します。グルテニンは弾性に富んでいて、ポリマーのサイズや分子量の大小が、パン生地の弾性に大きく影響していると考えられています。

一方のグリアジンは1本のポリペプチドチェーンと呼ばれる構造でこちらもシステイン残基をもっていますが、これらのシステイン残基はグルテニンのそれとは違い、同一分子内でジスルフィド結合を形成します。そのときに生じる折りたたみ効果によって、1本のグリアジンモノマーがダンゴのように一塊になります。また、グリアジンは弾性には欠如していますが、グルテンの粘性に大きく寄与しています。また、水溶性タンパクのアルブミンもシステイン残基をもつので付加的な構造でグルテン形成の増加に関与し、グルテンの性質に何らかの影響をもつと考察されています。

タンパク質以外で粘性・弾性に関わっている成分としては、小麦粉中に2〜3％含まれるペントサンもあげられます。多糖類のペントサンは水溶性と不溶性に分類されます。特に水溶性ペントサンは粘着性や吸水性が高く、グルテンの伸展性を改善するという報告もあります。また、ミキシングが進むことで、親水基を有する糖脂質やリン脂質など凝集性の高い分子も、ペントサンとともにグルテン間に浸潤してグルテンの伸長性を高めるともいわれています。

食塩（塩化ナトリウム）はパンに欠かすことのできない基本材料で、これも第3章を復習しながらの説明になりますが、その働きは塩味の供給、酵母などの微生物の増殖速度が抑制されることによる発酵調整、グルテンの引き締め効果などがあります。

たとえば、食塩を入れずに作ったパン生地はベタベタとダレた感じの生地となります。発酵速度と生地の膨張は速いのですが、反面、グルテン組織が強化されていないので、ガス保持力が弱く生地のバーストが速くなります。バーストとはタイヤのパンクと同じで、グルテンネットワークの崩壊により、生地表面が破れてそこから内部の炭酸ガスが放出されてしまい、パン生地のダウン（ボリュームが無くなること）が激しくなることをいいます。

一方、食塩を添加することにより、現象としては明らかに生地が引き締まり、ベタつきも減少します。これは弾性（抗張力）が強化され、粘性が減少するからです。近年の研究では生地中の塩（塩化ナトリウム）がグリアジンに働きかけて、水溶性に変化させることがわかってきています。水溶性のグリアジンが増加することで、グリアジンの粘性が緩和されるので、生地のベタつきが改善されます。もう一つはグリアジンとグルテンの間でグリアジンの凝集力が高まることで、生地の引き締め効果があるとされています（p.88参照）。

以上、グルテニン、グリアジン、水溶性タンパクや塩などの影響力によってパン生地の弾性と粘性がバランスよく保たれているといえましょう。

パン生地のガス保持力

パン生地がこね上がると、イーストは生地中の酸素を利用して出芽による増殖を試みます。生地の仕込み量とイーストの添加量によりますが、生地中の生きたイーストの菌数は億単位から兆単位と天文学的な数字となります。それらのイーストがあっという間に生地中の酸素を消費してしまうので、最初に増えてしまうとあとは菌数が極端に増えることはありません。生地中の酸素が無くなると、イーストは体内のスイッチを呼吸モードからアルコール発酵モードへ切り替えます。通常はガス発生により、生地をこね上げて20分程度から生地がゆるみはじめ、40分程度で生地が膨張しはじめます。やがて1時間で約2倍、2時間で3倍強に膨張します。

ミキシングによって形成された4次構造をもつグルテンネットワークがセル（気泡）とパンの骨格を作ります。そのグルテン間の隙間を埋める役割をするのが、デンプン粒や他の凝集物（ペ

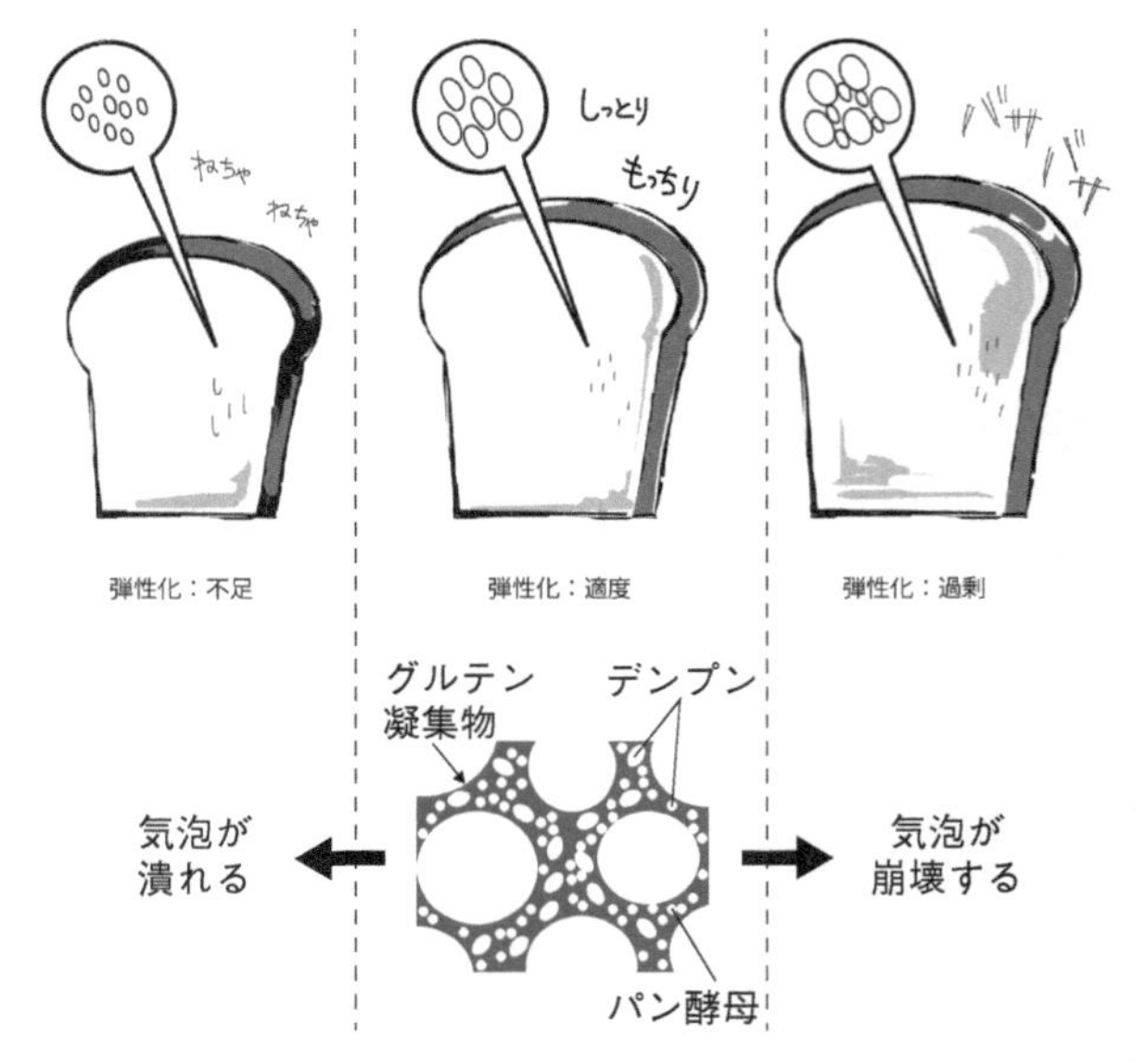

図5-1　グルテンの粘弾性とパンの性状

ントサン、糖タンパク、リン脂質など）です。これによって建物の鉄骨と鉄骨の間を埋めるコンクリートのように、密な構造ができあがります。実際のグルテンは伸展性や伸長性をもっているので鉄骨とコンクリートとは違い柔軟性があり、イーストのアルコール発酵によって生成される炭酸ガスを密な組織に閉じ込めます。これをグルテンのガス保持力と呼び、ガスが充満するにしたがって、密室を膨張させます。すなわちパン生地中に存在する無数のセルが一斉に膨張するので、生地もこね上げ後のある時点から、一気に膨張するというわけです。

　このようにパン生地は基本的に小さなセルが集積してパン生地の構造を成しています。そしてこの気泡膜となる骨格を形成するグルテンは弾性と伸展性、粘性という三つの性質をバランスよく持ち合わせなければなりません。たとえば、弾性が不足すると、気泡膜は気泡内ガス圧と荷重に耐えかねて一部損傷します。また、弾性が過度に強化されると伸展性が低下するので、気泡内ガス圧のほうが強い場合は気泡が崩壊するか、気泡内ガス圧が弱い場合は気泡が膨張せずに小さな気泡となります。また、粘性が低下しすぎると、凝集物をうまくグルテンに取り込めず、気泡膜の密度が低くなるのでガス漏れの可能性が高くなります。

　その結果、パンのボリュームやクラムの状態などの外観もさることながら、食感の良し悪しや風味などにも大きく影響してきます（図5－1）。

2　なぜパン生地に「発酵」が必要か？

イーストのアルコール発酵

　パン業界では、特に製パンの工程上「発酵」といえば「パン生地の膨張」を指します。もちろ

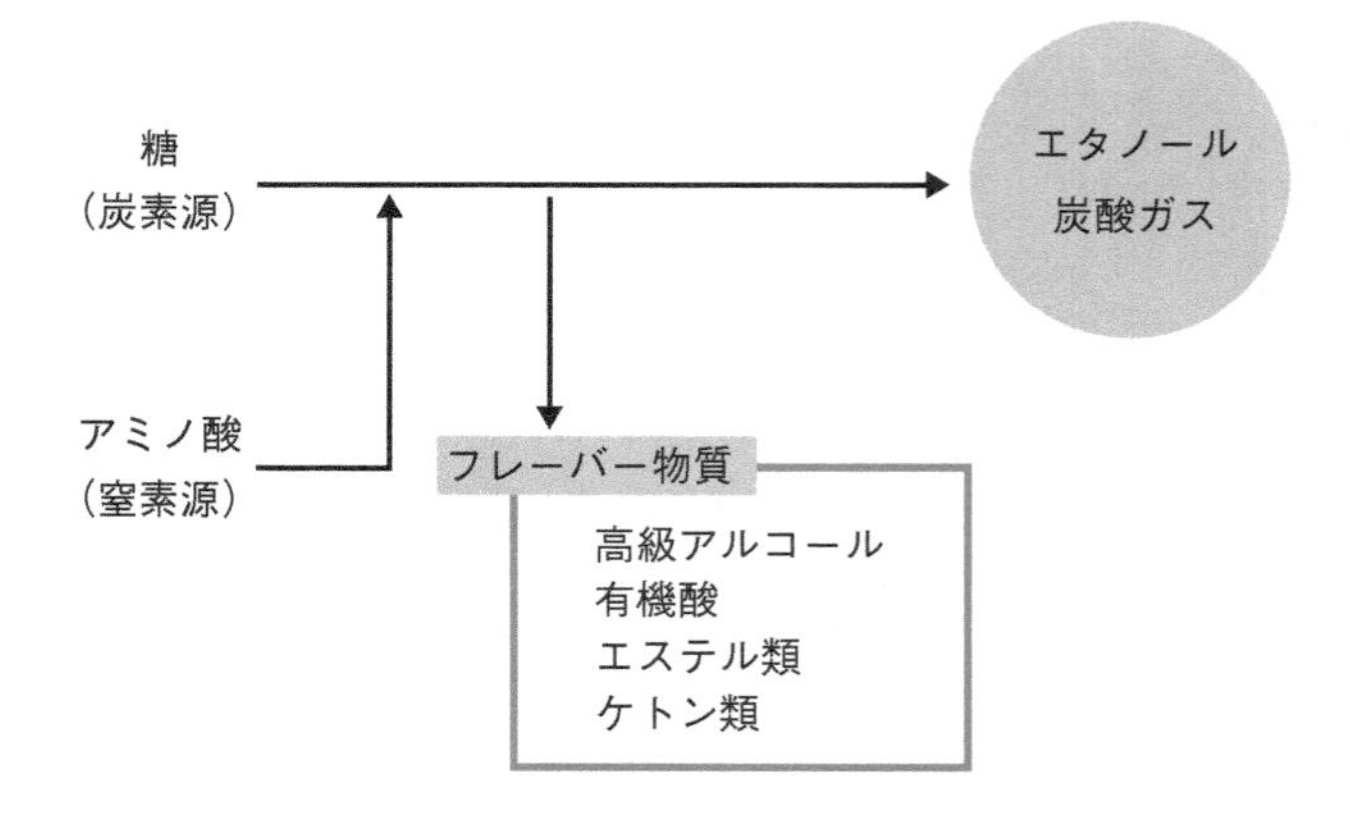

図5-2　発酵と風味

んイーストによる「アルコール発酵」のことではありますが、製パン上は、生地の物性が主体となるので「発酵」＝「膨張」となるわけです。パン生地の膨張源はイーストのアルコール発酵で生成される「炭酸ガス」で、その役割は簡単にいえば「パンを十分に膨らませる」ことによって「パンに独特の風味と食感を与える」ことです。不思議なことにパン生地は膨らむことで、さらに化学的、または物理化学的に変化します。たとえば、1時間で2倍に膨張する生地をさらに1・5時間で3倍にしたもの、2時間で4倍に膨張したものをそれぞれパンに仕上げた場合、当然後の生地の処理方法は変えなくてはいけませんが、それぞれに違う味わいと食感をもつパンとなります。ここに作ろうとするパンの種類や個性によって、パン生地の膨張をコントロールする意味が生じます。

イーストのアルコール発酵の場合、風味の元はエタノールが主体となりますが、その大半は焼成時に気化するので、焼き上げたパンに実際に残っているのは微量です。また、イーストはアルコール発酵の副産物として、生地中のアミノ酸（窒素源）を代謝して、高級アルコール、有機酸、エステル類、ケトン類などのフレーバー物質も生成します。これらも微量ながらパンの風味・香味に一役買っています（図5－2）。

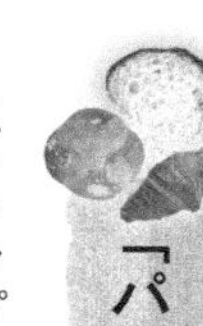

「パン作り」はスクラップ&ビルド

スクラップ&ビルド（Scrap & Build）とは、そもそもはアメリカのビジネス用語で、同じ商圏のなかで不採算店舗を閉店（スクラップ）し、新規に出店（ビルド）することで利益率の悪化が改善され、販売シェアの拡大が図られる出店方法です。解体（スクラップ）と建設（ビルド）を繰り返しながら作り上げていく、といった意味合いで、さまざまな場面で使われるようになったわけですが、パン作りもまさに「スクラップ&ビルド」といえます。

ストレート法を例にとると、図5－3のようにスクラップ（S）とビルド（B）がおこっています。ビルドがおこり生地がある程度十分に発酵すると、生地中のガスの膨張とともにグルテンの緊張が緩和されて、弾性や抗張力が弱まります。そして生地にやや弾性や抗張力が残っている

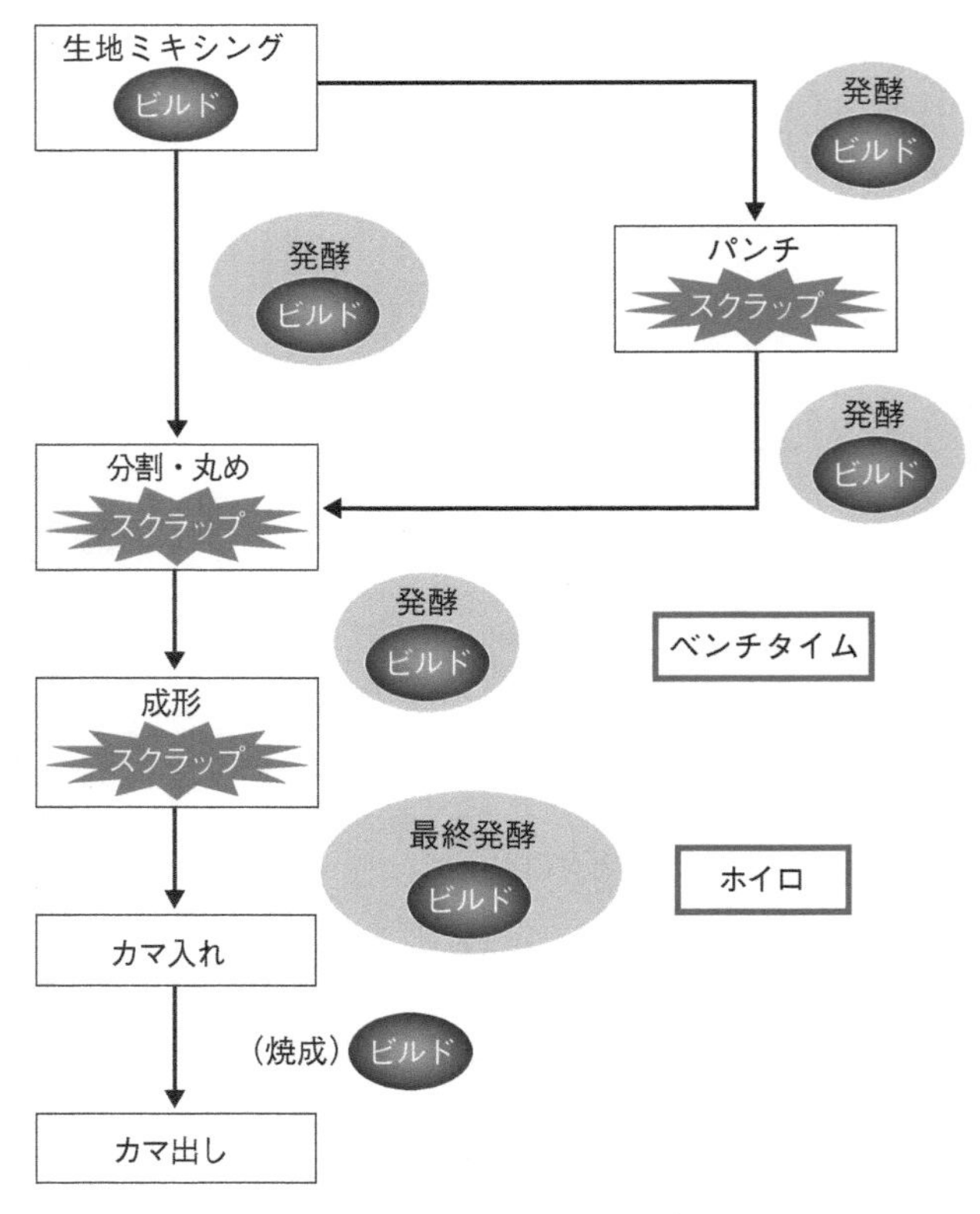

図5-3　ストレート法におけるスクラップ&ビルド

うちに、次の作業（分割・丸め、成形など）へ移ります。基本的に作業は生地に負荷をかけるのでスクラップがおこり、生地の弾性や抗張力が増し、グルテンが緊張状態になります。そして再びその生地を膨張させることにより、グルテンの緊張が緩和されます。パン作りはこれの繰り返しで、基本的に「作業」でグルテンを緊張させ、発酵でグルテンを弛緩させます。すなわち生地が膨張（B）したら、潰して作業（S）するといった連続工程となります。この目的は適切な状態にある生地物性と生地膨張を段階的に積み上げたものに、最後の焼成によってパンを完成させることです。これがパン作りのスクラップ&ビルドです。

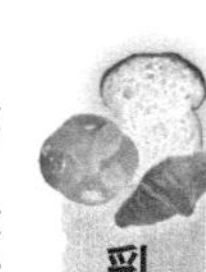

乳酸菌と酵母の共同作業

第4章で自家製パン種では、アルコール発酵と共に乳酸発酵などもおこるという話をしました。乳酸発酵とは乳酸菌（*Lactobacillus*：ラクトバシルス）がグルコースやペントースなどを分解して、乳酸を生成することです。乳酸発酵は、乳酸菌の属種の違いでホモ乳酸発酵とヘテロ乳酸発酵に分かれます。ホモ乳酸発酵は純粋に乳酸だけを生成するのに対して、ヘテロ乳酸発酵は乳酸、酢酸、エタノールなど複数の化合物を生成します（図5-4）。

乳酸菌はグラム陽性の桿菌または球菌です。嫌気下でも生育が可能ですが、ちょっと贅沢な細

ホモ乳酸発酵

$C_6H_{12}O_6 \longrightarrow 2C_3H_6O_3$

ヘテロ乳酸発酵

$C_6H_{12}O_6 \longrightarrow C_3H_6O_3 + C_2H_5OH + CO_2$

$(2C_6H_{12}O_6 \longrightarrow 2C_3H_6O_3 + 3CH_3COOH)$

$C_6H_{12}O_6$ ：グルコース、$C_3H_6O_3$ ：乳酸
C_2H_5OH ：エタノール、CH_3COOH ：酢酸
CO_2 ：二酸化炭素

図5-4　ホモ乳酸発酵とヘテロ乳酸発酵

菌で糖類、アミノ酸、ビタミン、ミネラル、脂肪酸など、活性化するにはいろいろな栄養素を必要とします。これらの条件下で乳酸菌はいくつかの酵素の力を借りて、無酸素下でグルコースをまずピルビン酸（$C_3H_4O_3$）に解糖します。簡単にいえば、このピルビン酸が還元されて乳酸（$C_3H_6O_3$）を生成します。そして、この過程を乳酸菌の「乳酸発酵」と呼びます。ちなみにイーストは無酸素下で、グルコースを解糖系という代謝過程（ほとんどの生物がもつ生化学反応経路で、グルコースをピルビン酸などの有機酸に分解する。また、グルコースの高い結合エネルギーをそれぞれの生物が使いやすい形に変換する）で、まずピルビン酸（$C_3H_4O_3$）に解糖します。次にこのピルビン酸が酵素によってアセトアルデヒド（$CH_3COCOOH$）になり、その後、還元されてエタノール（C_2H_5OH）を生成します。そし

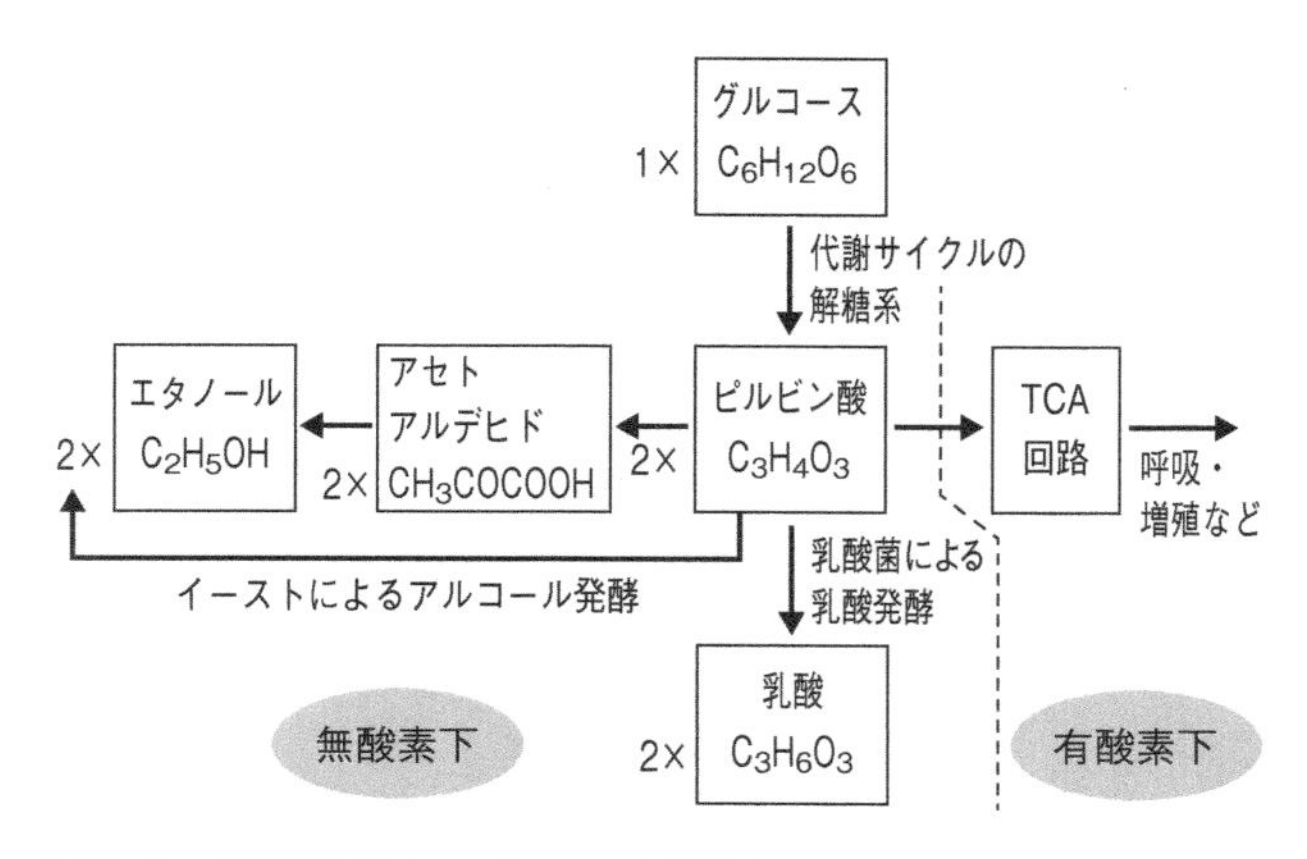

図5-5　乳酸発酵とアルコール発酵

て、この過程がイーストの「アルコール発酵」です。乳酸菌による乳酸発酵もイーストによる「アルコール発酵」も途中の過程までは同じですが、最後の過程において、ピルビン酸を還元するために働きかける炭素（C）の位置の違いだけで「乳酸発酵」と「アルコール発酵」に分かれるのです（図5－5）。

ところで、乳酸菌に関する30年以上前の記事を見つけました。その記事では「一般に市販されている食パンの生地から2種類の乳酸菌を同定（菌類の属種を確定すること）した。また、その食パン生地の乳酸菌の菌数を計測した結果、4時間の発酵過程中に乳酸菌は生地1gあたり10^6個（百万単位）のオーダーで存在する」と報告されています。30年余り前もやはり乳酸菌は健康食品として花形選手だったようです。健康志向は当時からあったのだと認識するとともに、筆者としては「食パンにおける乳酸菌の影響力」が研究されていたのはうれしい限りです。

さて、発酵種（パン種）はパンを膨らませたり、パンに風味や香味を与える、まさにパンのエンジン（原動力）となるものです。

伝統的な自家製パン種の原型の大半は、小麦粉やライ麦粉を中心とした穀物の粉と水を練り合わせて数日間発酵・熟成させたものです。そこに新たに水と粉を加えて練り合わせて再び2〜3日間、発酵・熟成させます。この操作を何回か繰り返すことで元種（十分に発酵種として機能する状態）に変化します。

発酵の過程で、小麦粉やライ麦粉などに付着している野生酵母や乳酸菌、酢酸菌などが、粉に含まれるデンプンを分解してマルトースやグルコースに糖化します。そしてその生地中の酸素が消費されて嫌気下になることで、まず乳酸菌がグルコースやペントースを分解して、乳酸発酵をはじめます。乳酸菌は属種の違いでホモ乳酸発酵とヘテロ乳酸発酵に分かれますが、実際には混在している場合がほとんどです。先述の通り、ホモ乳酸発酵は乳酸だけを生成するのに対して、ヘテロ乳酸発酵は乳酸、酢酸、エタノールなど複数の化合物を生成します。その後、乳酸が生成されることで、種のpHが4・5以下になると、同じく粉に付着している酵母が「次は私の番」とばかりに活性化してアルコール発酵をはじめます。これにより酵母と乳酸菌、酢酸菌などが適度なバランスで種の中で共存・共栄することで、エタノールなどのアルコール、乳酸、酢酸などの有機酸そして炭酸ガスを十分に包含した発酵種へ熟成していきます。

このメカニズムがとても優れたものである理由が３点あります。一つ目は、種のpHが４・５以下になることで他の病原性微生物の繁殖を制限できることです。二つ目は、乳酸発酵により副産される少量のギ酸、酢酸、過酸化水素、ロイテリンなどが、乳酸の抗菌性とともに病原性細菌や腐敗菌などに対する抗菌性に大きく貢献していることです。これにより種が腐らずに発酵・熟成するので、発酵種として健全性が維持できます。三つ目は、種のpHが４・５以下に下がると酵母が急速に活性化するので、アルコール発酵を促進し、パンを膨張させるガス源となることです。

乳酸発酵によって乳酸や酢酸が生成され種のpHを下げることで、酵母のアルコール発酵が進み、エタノールと炭酸ガスを生成することを「乳酸菌と酵母の共同作業」と呼んでいます。

古くて新しい発酵種

工業用イースト（以後、イースト）が量産されるまでは、発酵種はまさしく「発酵の酛（もと）」であり、それがなければパン生地は膨らまなかったわけです。いわばパンには無くてはならない必須の発酵源でした。その後、イーストとともにパンの製造時間の短縮と量産化が可能となり、加えて簡便さも伴って20世紀はまさにイーストによる製パン（以後、イーストパン）時代の到来だったといえましょう。発酵種は特殊なパン製造以外には姿を見せなくなりましたが、やがて20世紀後半に入ると世界的に見直される機会を得ました。というのはイーストパンだけではパンの風味や香味が画一化、均一化するという現象にベーカリーが気づいたわけです。要するにパンの区別化・差別化が難しくなってきて、それがビジネスに影を落としはじめていた時期です。そこで改めて脚光を浴びたのが、ヨーロッパタイプのリーンなパンを中心に、発酵種を利用したパンです。それにより微妙な風味や食感を加味できる個性的な味わい深いパンを焼くことが可能となりました。

ヨーロッパはもとより、日本でも１９８０年代に入ると徐々にですが、ヨーロッパタイプのリーンなパンが街のベーカリーを中心に焼かれるようになりました。２０００年代に入るとアメリカでは都市圏を中心に職人気質という意味で、本格的なパンを焼くアルチザンベーカリー（artisan bakery）が台頭してきました。また、日本でもその頃に着目されたのが、形を変えて登場してきた、進化型の「発酵種」でした。それから20年足らず、現在ではさまざまな形で発酵種の有効利用が試されています。

「古くて新しい発酵種」は筆者の創作語ですが、その意味は20世紀に一度は忘れ去られそうになった「発酵種」の存在が、21世紀の今日に蘇ったということです。これは液体培養種の技術開発、発酵種の乾燥技術の進化、果実や野菜（主にドライフルーツ、ドライベジタブル）などの菌体源の再利用、といった技術革新によるところが大きいと考えます。

また、現代における発酵種の利用法は、伝統的自家製パン種として使用する場合と、工業的に培養されたイーストと発酵種を併用する場合とに大別されます。前者では、相変わらず製造に長時間かかりますが、伝統製法にそった技法ゆえの、えもいわれぬパンの香りや味わいと食感を得ることができます。後者では、工業的に培養されたイーストの使用量を低めに制限することで、発酵種がパン生地の発酵助成をするので、パンの食感と風味の変化を得ることができます。

この二つの利用法以外に、工業的に培養されたイーストを通常通り使用して、発酵種を風味調味料として使用する方法があります。パンのボリュームもあり、比較的自然な風味のパンとなります。

以上「古くて新しい発酵種」を使った利点を簡単に述べましたが、実際使う場合は、自家製パン種は安定性が悪いので十分に種の状態を把握して使用するようにしてください。また、国内外のイーストメーカーなどからもオリジナルの発酵種や発酵調味料が発売されているので、目的に応じて使用されてもいいでしょう。

3 作業の物理性

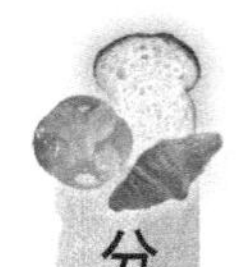

分割から成形まで

ミキシングを終えたパン生地を発酵させると、次の作業は生地を発酵容器から取り出して、いよいよ分割・丸めに入ります。「分割」とは生地を一定の重量に取り分けることですが、ここで重要なことは分割速度を一定にして、できる限り短時間で作業を終えることです。というのは、生地の発酵・膨張は分割中も継続されており、前半に「分割」した生地と後半に「分割」した生地の時間の格差が大きいと、生地の膨張度合いが変化します。時間がかかればかかるほど、生地が膨張すればするほど、生地の密度が下がり、生地の状態も過発酵傾向になります。その結果、その後の丸め〜成形の作業においても生地の均一性を求めづらくなります。

分割の次は丸めの作業です。分割を終えた生地は発酵により膨張しています。特に生地表面のグルテンは弾性を失い弛緩しています。その生地を「丸め」によって、生地の表面が張った状態にします。丸めの作業が必要なのは、弛緩したグルテンを再び緊張させて弾性と抗張力をもたせるのと、丸形にしておけば、次の成形でいろいろな形に変化させやすいからです。
次の「ベンチタイム」は「丸め」で緊張したグルテンを弛緩させて〈リラクゼーション〈p.57参照〉〉、生地の伸展性・伸長性を回復させるのに必要な発酵時間です。通常15～20分のベンチタイムで、生地は一回り大きく膨張するとともに、グルテンが弛緩するので球状から少し平たくなります。

そして次は、最終的なパンの形を決める成形作業です。十分にベンチタイムで休ませた生地を伸ばしたり、折りたたんだり、巻いたりして棒やロールの形にします。ここでは生地に損傷を与えない程度に、作業によるストレスをかけて、テンションの高い生地に成形します（図5-6）。

分割、丸め、ベンチタイム、成形の一連の流れは、製パンの中で時間的かつ作業的に最も密度の高い工程です。先述したようなスクラップ（S）＆ビルド（B）がここでは凝集されて行われ、発酵（B）→**分割・丸め**（S）→**ベンチタイム**（B）→**成形**（S）→最終発酵（B）と、40～50分（生地量による）の短時間にパン生地の緊張と緩和が繰り返されています。この一連の工程によって、長時間の最終発酵に耐えられるパン生地に鍛えられます。

●丸め

①生地を上から軽く叩いてガスを抜く

②生地のきれいな方の面を上にして丸める。手の中で生地が動くように適度なゆとりが必要

③表面が張るまで生地を転がして丸く形作る。丸めすぎると表面の生地が切れて荒れる。人によって手の大きさも違い、丸めの方法は少しずつ違う

④丸めた生地は閉じ目を下にして布を敷いた板の上に並べる。作業時間が長くかかり、表面が乾くようなら、ビニールをかける

●棒状に成形

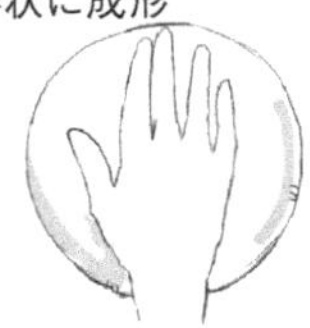

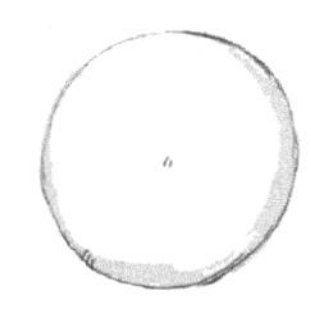

①生地を上から軽く叩いてガスを抜く

②表を下、閉じ目を上にして台にのせる

③上から 1/3 を折り返し、上から押さえてくっつける

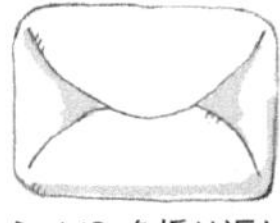

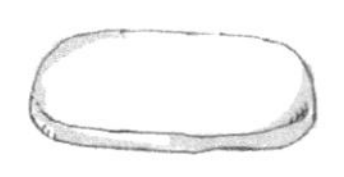

④下から 1/3 を折り返して上から押さえてくっつける

⑤半分に折って閉じ目を手のひらの付け根で押さえる

⑥転がして形を整えて棒状にする

●ロール状に成形

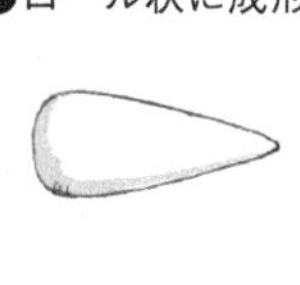

①生地を棒状にする。転がして棒状に形を整える際に、片方を細くして涙形にする

②麺棒でガスを抜きながら、生地を約 20cm に伸ばす

③生地の閉じ目を上にして逆三角形になるように台におき、向こう側から 2 回ほど巻いて押さえて芯を作り、残りの生地を巻いてロールにする

図 5-6　丸、棒、ロールに成形

4 最終発酵の重要性

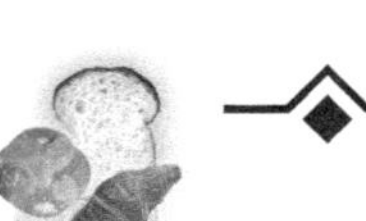

パン生地の適正ボリュームの見極め

「最終発酵（ホイロ）」は成形後のパン生地をオーブンに入れるまでの最後の発酵のことです。パン生地発酵の最後の難関ともいえる最終発酵は、焼成時のカマ伸び（焼成時のパン生地の膨張のこと）を考えて、適正発酵を見極めなければなりません。

最終発酵が不足すると、①グルテンの伸長が悪くパンのボリューム（体積）不足となる、②そのためクラストに焼きむらが生じる、③全体的に生地のカマ伸びが悪いので、クラストに亀裂が入ることがある、④炭酸ガスの保持が不足するのでクラムのセルが小さく目詰まりする、といったことがおこります。

逆に最終発酵過多になると①パンのボリュームが大きくなりすぎて、クラムの密度が下がり、スカスカした食感になる、②生地の酸化が促進され、クラスト部分に乾燥、糖質の減少、エタノールの増加がおこり、その結果褐変不足になる、という現象がおこります。

以上のことをふまえて、適切な最終発酵の見極めを行いますが、その判断は、生地の体積（生地の膨張率）、クラスト部分の色相、光沢、湿潤もしくは乾燥度合い、弾力性などから行います。適正の基準は、体積が成形時の生地より4〜5倍に膨張していること、クラストが色相はやや黄色みをおびた光沢があり、適度に湿潤し、指の腹で押さえると軽い弾力があることです。言葉でいうと簡単ですが、実際にはパンの種類や配合、大小や形状の違いなどで判断基準も変化し、ケース・バイ・ケース（パン・バイ・パン）の判定になり、経験則が非常に重要であることをご理解ください。

5 焼成のメカニズム

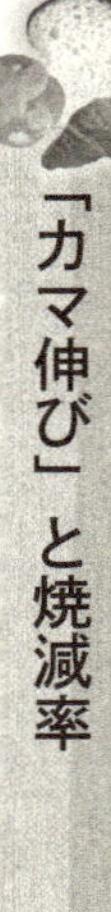

「カマ伸び」と焼減率

パンの焼成とは、最終発酵を終えたパン生地をオーブンに入れて加熱することを指します。オーブンに入れてしばらくするとパン生地がムクムクと膨張しはじめます。そして最終的に一回りも二回りも大きくなってパンに焼き上がります。焼成中に生じるこの現象をパン生地の「カマ伸び（oven spring）」と呼び、このカマ伸びが最終的なパンのボリュームを決定します。すなわち製パン工程における最後のビルド（p.１５９参照）となるわけです。パンのボリュームは出過ぎるとクラムがスカスカの痩せたパンになり、逆にパンのボリュームが足りないと、クラムが目詰まりした重たいパンになります。また、焼成において重要なのはカマ伸びだけではありません。パンを焦がしてもいけないし、生焼けでもいけません。

焼成はパン作りにおいて最終の重要なステージといえますが、そのステージだけでそのパンの運命が決まるわけではありません。これらは、最初のミキシングによる生地作りから最終発酵に至るまで、あらゆるステージにおけるパン生地の状態が起因します。いい換えれば、適度によい状態で「カマ伸び」したパンは、そこに至るまでの生地のコントロールが上手に行われたという証でもあります。

通常、最終発酵を終えたパン生地の芯熱（中心部の温度）は30～35℃くらいありますが、その生地はオーブンに入れた直後から加熱され、それにともないさまざまな化学反応がはじまります。パン生地自体は50℃前後になると流動性が増し、60℃から70℃の間に急激に膨張します。やがて80℃を超えるとパン生地の膨張が止まり、パンのボリュームが決定されます。その時点でパンのクラストがしっかりと形成され、色づきが促進され、クラムも固化しはじめます。さらに加熱を続けると92℃以上でクラムがスポンジ状に完全固化し、クラストはさらにこんがりきつね色に色づきます。芯熱95～96℃を超えると完全にパンが焼き上がります。

さて焼成のメカニズムを、パンを構成する重要な化合物を中心に、温度上昇とともに生じる化学反応と役割から説明していきます。

まず、前述のように焼成前の発酵中の20～40℃では、生地中で、酵素による損傷デンプンの糖化、イーストのアルコール発酵による炭酸ガスとエタノールの産出、グルテンがガスを保持しながら伸展・伸長、といったことがおこります。生産されたエタノールと炭酸ガスは、焼成によってパンの香味成分とパン生地の膨張源となっていくわけです。特にイーストと酵素が活性化する25℃から最大活性となる45℃付近までは爆発的に炭酸ガスが生成されるので、パン生地はかなり膨張します。

次にオーブンでの焼成に入り、生地の温度が40～60℃になると、発酵中に粘弾性があり張力と抗張力が拮抗した状態にあったグルテンは急激に伸長力を増し、非常にのびやかになります。セル内に保持されていた炭酸ガスが膨張をはじめて、セルを構成しているグルテンに内側から圧をかけます。加えて、生地中の水に溶けていた炭酸ガスが急激に気化をはじめるので、その結果、パン生地に流動性をもたらし、生地は膨張します。「カマ伸び」が開始するというわけです。イーストは45℃付近で最大活性となり、アルコール発酵によって生成される、エタノールと炭酸ガスの産出もピークを迎えますが、その後、徐々に活性を低下させて、やがて60℃付近で死滅します。

生地の温度が60～70℃になると、グルテンのタンパク質の熱変性がはじまり、それにともないグルテンから離された水をデンプン粒が吸収して、健全デンプンの膨潤が進みます。また、リミットデキストリンのゴム化という現象がおこります。リミットデキストリン（限界デキストリン）とは、損傷デンプンが酵素分解されマルトースを産生するときに、一部生成される物質のことです。リミットデキストリンは加熱により生地中の水を十分に吸収して一種の粘りのあるゴム状の物質に変化し、グルテンやデンプン粒にまとわりつくように介在して、パンの補強材的効果をもたらします。この温度帯ではパン生地全体は急激に膨張します。

生地の温度が70～85℃では、75℃前後で完全にグルテンタンパク質が熱凝固してしまいます。それにより、生地のセルと生地の膨張が止まり、パンの骨格組織が固定されます。さらに加熱され80℃を超えると、急激に水分が蒸発して、強固で弾性のあるグルテンに固化していきます。グルテンの熱凝固の際に離される水分を、デンプン粒がさらに吸収して膨潤が進みます。この段階で加熱されて水に溶けたアミロースがデンプン粒から流れ出してゲル化し、デンプン粒とデンプン粒の間や隙間を埋めるつなぎの役割を果たします。82～83℃でデンプン粒は糊化状態となり、このあたりで「カマ伸び」は停止します。また、イーストによって最後まで消費されなかったマ

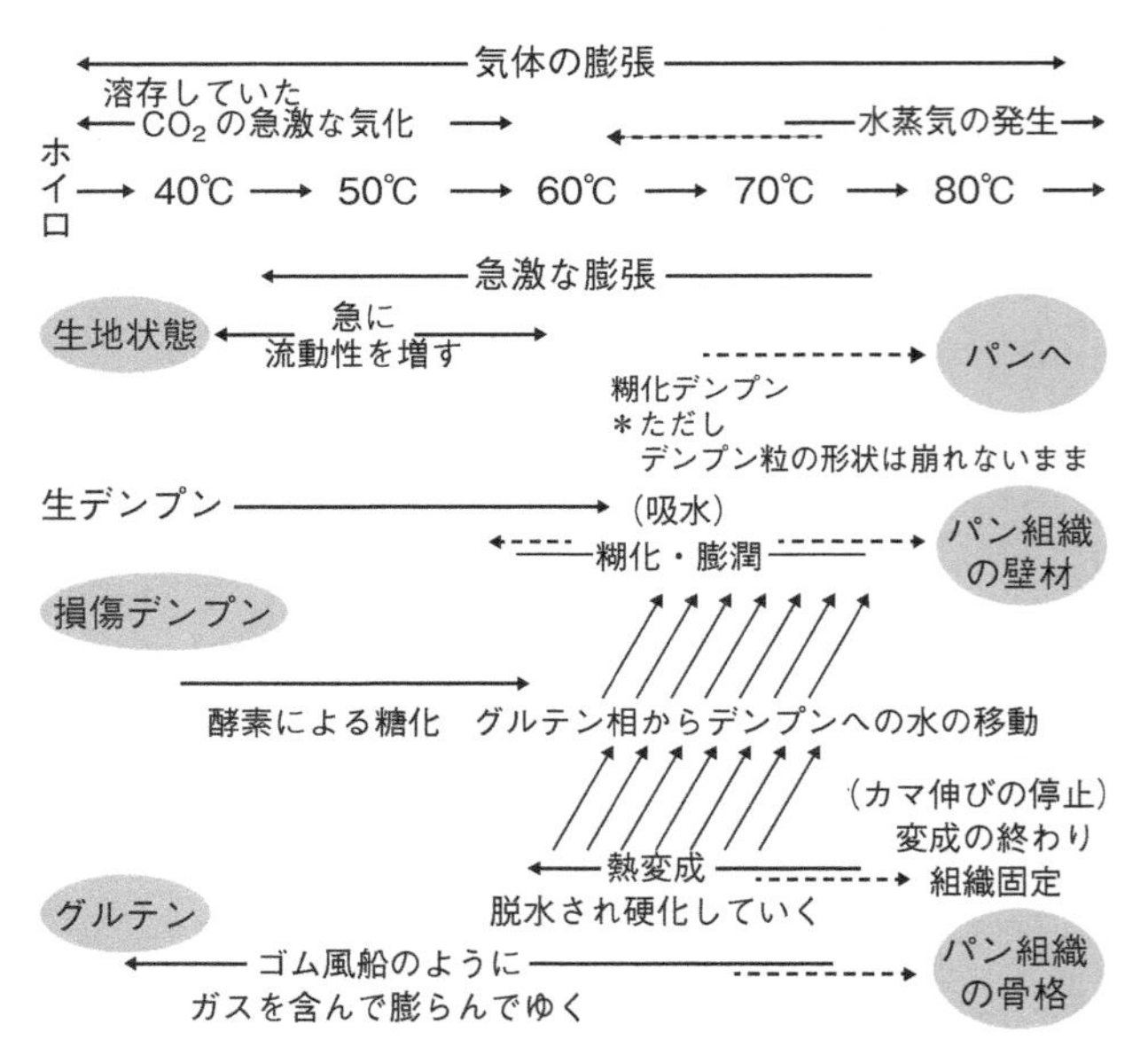

図5-7　温度上昇とデンプン、グルテン、生地の変化

ルトースは、メイラード反応やキャラメル化反応によるパンクラストの焼き色の向上に使われ、この温度帯で色づきがはじまります。

生地の温度が85～95℃になると、さらに色づきが進みます。糊化デンプンに含まれる水が水蒸気となり放出しはじめ、やがて、デンプンの外膜が固まります。また、内部にミセル構造（p.67参照）をもったアミロペクチンがコンクリート化をはじめます。

95～96℃で大半の自由水が気化するので、デンプン粒は固化してグルテンとともにスポンジ状のクラムを形成します。これにより、パンの骨格と身ができあがり、パンとして誕生するわけです。

オーブンから出されたパンは粗熱が取れた段階で、焼減率を計測し、記録します。焼減率とは、1個のパンの焼成後の重量を、それに必要とした分割時の生地重量から差し引いた重量を、元の分割時のパン生地重量に対する百分率で表したもので、以下のようになります。

焼減率(%)＝(分割時のパン生地重量－焼成後のパン重量)／分割時のパン生地重量×100

これはパン生地中の水分が焼成中にどれだけ蒸発したかを示し、焼減率の数字の大きい方が焼成中に蒸発した水分量が多いパンとなります。それによりパンの火通りの良し悪しやクラムのしっとり感を判断する一つの目安とします。クラムのしっとり感でいえば、バゲットの焼減率（20～25％）と食パンのそれ（10～15％）とでは明らかに違います。材料の種類や配合比が違うので当然の結果なのですが、それを記録することによって、「このパンはこれくらい水分を飛ばしたものが美味しい」といった経験値を蓄積していくと、美味しいパンを焼くための目安になります。

焼成のダイナミックス

焼成とは加熱することで、パンのクラストとクラムを適正な状態に構築することです。ここで熱の種類と熱量との関係について話を進めます。オーブンは電気オーブンとガスオーブンに大別されます。それぞれの熱源が電気かガスかの違いですが、最近はどちらのオーブンも研究開発が進んでいて甲乙つけがたいといえます。セラミックス素材などの進化もあり、いろいろな種類の熱線で焼成できるようになりました。また、炉内の気密性、熱効率もよく、蒸気や湿熱の投入も可能となっています。以下、リテイルベーカリー規模で使用される固定型のオーブンを想定して、熱の種類や焼成のシステムを簡単に記します。

オーブンの炉内の熱の伝わり方には、放射熱（輻射熱）、対流熱、伝導熱があります（図5−8）。放射熱は主に遠・近赤外線によるもので、パン生地の上面部を照射します。個人的な見解ですが、パンのクラストカラーの改善には遠・近赤外線は有効であると感じています。対流熱は、主に炉床下の熱源より発生する上昇熱気流によって生じ、その対流熱を利用して生地表面を全体的に照射します。伝導熱は主に炉床下の熱源から炉床を通して、接しているパン生地の底部に熱を伝え、芯部にかけて浸透していきます。

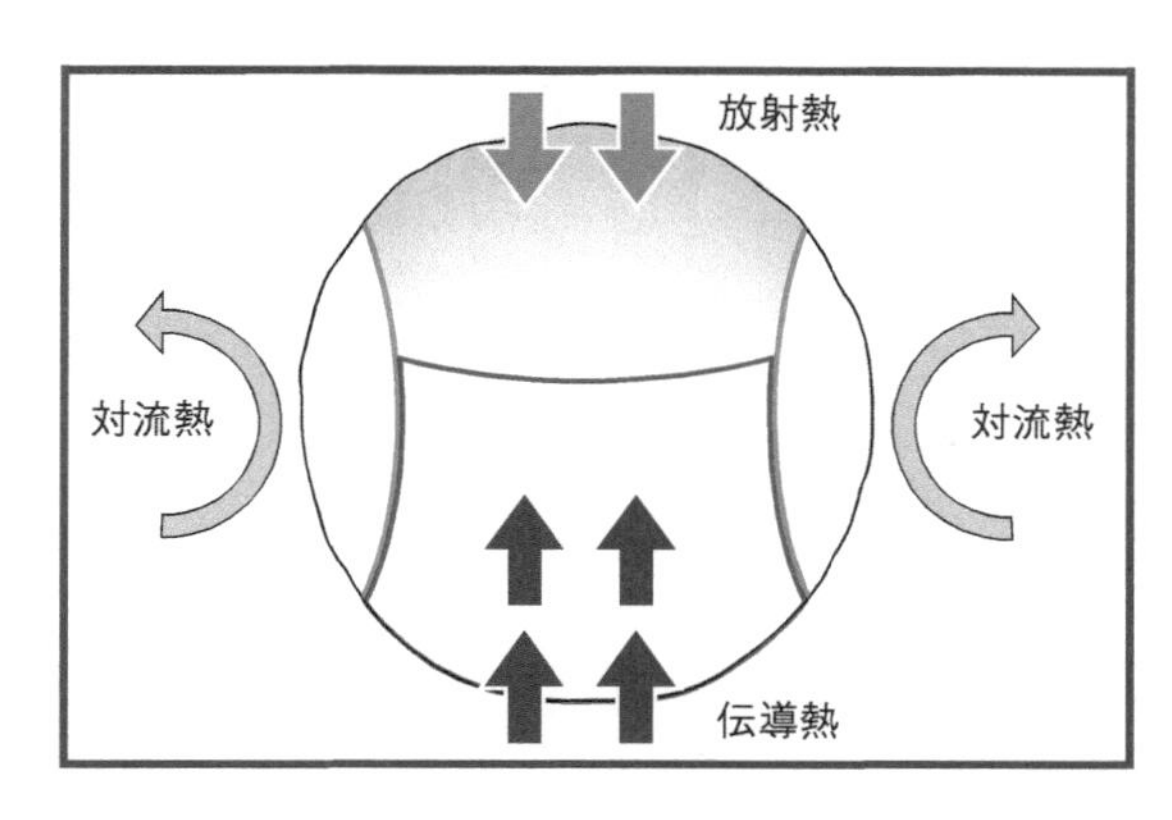

図5-8　オーブン内の熱の伝わり方

焼成の初期では、炉床からの伝導熱により多くの熱量を得てパン生地のカマ伸びを促進します。中期で放射熱からの遠・近赤外線の相乗効果で、生地上部のクラスト部分を焼きムラなく色づけることができます。後期で対流熱により側面を含めた全体的な色づきを調整する、というように熱の働き方が変化します。

パンの焼成方法は直焼き、プレート焼きと型焼きの3種類に大別されます。直焼きとはパン生地を直接炉床（圧縮石板）の上において焼く方法です。

直焼きのパンはハード、セミハード系が多く、リーンな配合のためクラストの色づきが悪いので焼成温度も高温の設定となります。また、カマ入れ前後に蒸気を入れる場合が多く、パン生地の表面を一度湿らせてから加熱することでクラストをよりパリッとさせます。また、焼成時間も40～50gの小型のものでも15分程度は焼成し、３００～４００ｇの中型のもので30分程度、７００～８００ｇの大型のものになれば50分程度が目安となります。もちろん生地の種類によって焼成温度と時間は変化するので適宜の調整は必要となります。

次にプレート焼きは、成形した生地をプレートの上に並べてから最終発酵させて、必要なものは仕上げ（塗り卵など）をしてカマ入れして焼成します。プレート焼きのパンはソフト、セミソフト系のパンが多く、リッチな配合のためクラストの色づきがよいので焼成温度は直焼きのパンと比較すると低めの設定となります。40～50ｇの小型のものであれば10分程度で焼成され、１５０～２００ｇの中型でも20分程度が目安となります。同じ重量のパン生地でも形状が違うと、焼成温度（上火・下火）と時間の設定が変化します。たとえば、50ｇの丸に成形した生地を上火２００℃・下火２００℃で10分の焼成時間と仮定すると、棒状の成形では上火２００℃・下火１９０℃で９分の焼成時間となります。板状や円盤状の成形であれば、上火１９０℃・下火１８０℃で８分の焼成時間となります。これは生地の形状の違いによって生地に浸透する熱効率の差を表しています。薄くて平べったい成形の生地は火通りと色づきが早く、厚くずんぐりした成形の生地は火通りと色づきも時間がかかります。

最後に型焼きは、成形した生地を型に入れて最終発酵させてから、カマ入れして焼成します。型焼きにはオープントップで生地のボリュームを限定せずに焼くパン（山食パンなど）と、蓋（ふた）をすることによってパンのボリュームを限定して焼くパン（角食パンなど）に分けられます。オープントップのものは上火が生地表面に直接あたり、トップの部分のクラストの色づきがよくなるので、上火をやや低めに設定して焼成します。一方、蓋をして焼くものは、全面が型に覆われているので、上火・下火ともに同じ温度か上火をやや高めに設定して焼成します。これは生地のトップが蓋の内側に接触するまでに5～10分の時間差が生じるので、適度なクラストカラーを得るための操作と理解してください。蓋をする角食パンはオープントップの山食パンより1割程度焼成時間が長くなります。これは蓋のある分、芯熱の浸透に余分に時間がかかるからです。

この3種類の熱線を、それぞれの段階でバランスよく配分して使い分けることで、美味しいパンを焼き上げることができます。「熱の種類」「熱効率」「熱量」という焼成の基本を理解することは、パン焼き作業に必ず役立つと考えています。

6 パンの美味しさを生む科学

1 美味しさはどこからくるのか？

つい手に取りたくなる焼き色、幸せを呼ぶ香り

甘い香りとともにぴかぴかと黄金色に輝くソフト&リッチなパン、芳香豊かに渋茶色に身を包んだハード&リーンなパンなど、いずれのパンも個々に魅力的な顔をもちます。

特にクラストカラーはパンの形やボリューム同様、パンのルックスを決定する重要な要因です。そんな人の感性に「美味しそう」と訴えかける色あいや光沢、すなわち「つい手に取りたくなるパンのクラストカラー」を生む化学反応はといえば、p.96で述べたメイラード反応とキャラメル化反応です。

また、この反応はパンの香りも作り出します。パンのクラストとクラムは、それぞれに異なる香りをもっており、焼き上げ直後はおのおの香りが主張していますが、時間の経過とともに複合的なパンの香りとなります。

クラストの香りはメイラード反応とキャラメル化の2種類の香りに大別されます。メイラード反応によって生じる香りは、パン生地中に存在するアミノ化合物とブドウ糖や果糖などのカルボニル化合物が加熱されることで、相互に反応してできる香気成分です。以下は筆者の解釈となりますが、メイラード反応における香気成分は複雑怪奇で、たとえば、グルコースと反応するアミノ酸の種類や温度帯によっても香気成分は変化します。比較的低温域ではアミノ酸の酸化によって生じる低沸点揮発物質（ホルムアルデヒド、アセトアルデヒド、メチルブタノール類など）が香気成分となります。さらに加熱していくと揮発性カルボニル化合物（エタノール、プロパノール、アセトンなど）が生成されます。正確な温度帯を示すことはできませんが、メイラード反応の最終段階では香気成分のメラノイジンが生成されるのは確かで、新たにフルフラールやブタノール類の香気成分が生成されるようです。また、100℃を超えるとメイラード反応も活発になり、クラストの褐変化も加速的に進みます。前述したように、メイラード反応から醸し出される香りは複雑すぎ、先人は褐変したときに生じる香りを、「すみれの花の匂い」「チョコレートの匂い」「チーズの焼けた匂い」「トウモロコシの匂い」などさまざまな表現をしています。

また、生地中に含まれる糖質のキャラメル化では、加熱によって水分が蒸発する過程で、糖の構造が変化して褐色物質や苦味物質が生じます。たとえば、砂糖を火にかけていくと砂糖中に含まれる水分が溶け出して透明のあめ状になります。加熱を続けると薄いあめ色（あめの温度160℃）から濃いあめ色（あめの温度180℃）に変化します。プリンのキャラメルはこの範囲で

化学反応	生じる香りのもと
イーストのアルコール発酵	芳香性アルコール（プロパノール、ブタノール、イソアミンなど） 有機酸（乳酸、酢酸、クエン酸など） ケトン類（アセトイン、ダイアセチル、アセトンなど） エステル類（酢酸プロピル、カプロン酸エチル、オクタン酸エチルなど）
乳酸菌による乳酸発酵	乳酸、酢酸、アセトアルデヒドなど
加熱	メイラード反応による副産物（アセトアルデヒド、プロパナール、ブタナール類など） 糖質のキャラメル臭 デンプンの糊化臭 タンパク質の熱凝固臭

表6-1　化学反応によるクラムの香り

調整されており、この段階では糖質の甘い香りより、焦げ臭が強くなります。さらに続けると最後に黒い炭になります。この性質をふまえて、パンの焼成ではクラストの温度が190℃を超えないようにキャラメル化の反応をコントロールして、好ましい香りを出しています。

次にクラム部分の香りですが、原料の香りと化学反応による香気成分が複雑に絡み合っています。第3章で紹介した基本の材料（四つの主役と四つの脇役）にはそれぞれの香りがあります。特に糖類や油脂類は使うものによって独特の香りが出ます。たとえば糖類では、ハチミツの花の香り、黒糖やブラウンシュガーの雑分を煮詰めた香りなどがあります。油脂類ではバターの酪酸などの揮発性脂肪酸、オリーブオイル、オレイン酸などの脂肪酸とそれぞれに独特な香りが特徴的です。また、化学反応による香りには、イーストのアルコール発酵によって生じるエタノールの香りやそのときにアミノ酸などの窒素源と反応して生じる副産物の香り（フレーバー物質）などがあります（表6-1）。

焼きたてのパンの香りはその大半がクラスト部分の香りです。メイラード反応や糖質のキャラメル化による甘く香ばしい香りが、われわれの食欲をそそります。いいかえれば、軽い焦げ臭に少しツンとする刺激的な甘い香り（キャラメル＋エタノールの香り）がわれわれを虜にします。そのパンを割ってクラムの香りをかぐと、今度はツンとした刺激臭（エタノールの香りで、一般にはイースト臭と表現されることもある）を強く感じます。一般的な食パンやロールパンのクラム部分の香りは、エタノールが全体の約96％以上を占め、残りに数十種類以上の香気成分がごく微量含まれます。大半のエタノールは時間が経つと気化するのでパンの中に長く留まることはありません。パンの粗熱がとれて数時間もすれば、クラムの香気成分はエタノールや水分の蒸発とともにパンのクラスト部分へも移り、全体に分散します。一方、クラストの香気成分はパンが袋詰めされた段階で、徐々にクラストの内側から内部のクラム部分に浸透していきます。よって袋詰めして12～24時間を経過するとクラストとクラムの香りが混合されたパンの香りとなります。

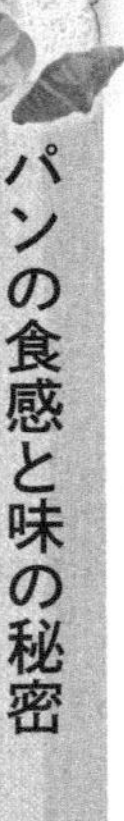

パンの食感と味の秘密

色、香りに続き、パンを魅力的にする食感と味についてお話ししましょう。これもクラストとクラムで違いがあります。

クラストの食感はパン生地の表面部分の炭化の度合いによって厚みが変化します。薄ければ食感は柔らかく感じ、厚ければ硬く感じます。たとえば食パンの場合は「パンの耳」がクラストとなり、クラストの炭化が進めば進むほど、よりサクサク、カリカリといった食感になります。また、クラストの味は主に糖質とタンパク質の熱凝固とメイラード反応やキャラメル化によって作られた、やや焦げ臭のするほのかな甘味となります。

一方のクラムはパン生地が加熱されることで膨張した後に固化します。クラムはグルテンで形成された無数のセルで構築されているので、加熱によって余分な水分が蒸発することで、それらが弾力のあるスポンジ状（海綿状）の組織に変化します。さて、クラムの食感はパン生地の小麦粉の種類（タンパク質の多少）、水分量の多少、ミキシングの強弱やミキシング時間の長短などによって変わる弾力に影響されます。たとえばタンパク量の多い小麦粉を使用して、適正もしくはやや少ない水分量、比較的長く強めのミキシングをかけた生地で焼き上げたパンは、ほぼ弾力

素材や化学反応	味のもと
原料や素材そのものの味	小麦粉の植物臭、砂糖の甘味、食塩の塩味、油脂の風味
デンプンの化学反応による味	糊化のおかゆ風味
タンパク質の化学反応による味	小麦、卵、牛乳でおこる熱凝固の風味
糖質とアミノ酸による味	メイラード反応の風味、キャラメル化反応による甘味と焦げ味
イーストのアルコール発酵の風味	・アルコール由来の風味（大半はエタノール、ブタノール、プロパノールなど） ・有機酸の酸味（乳酸、酢酸、クエン酸） ・アルコール発酵の副産物の風味（エステル類、ケトン類など）

表6-2　素材や化学反応などによるクラムの味

の強い食感になります。また、これとまったく逆の設定をしたパンは弾力が弱い食感となります。前者はモチモチと嚙みごたえのある食感となり、後者はサクッと歯切れのいい食感となる傾向にあります。

味についても香り同様、素材そのものからくる風味と、発酵や焼成の際の化学反応やその生成物からくる風味があります（表６－２）。分析のテクノロジーが進んでいるとはいえ、すべての香りや味の科学的な特定はまだまだ難しく、人の五感に訴えかける微妙な成分や、それを受け取る人の嗅覚や味覚の分析はまだまだこれからといえましょう。ゆえに「味」の秘密の解明は、未だ「秘密」の部分が多く残されています。

パンの塩梅（あんばい）

通常の発酵パンの場合、食塩の添加量は対粉重量比1・0〜2・2%内で設定されます。実際には、2・0%に設定されているパンが大半を占めています。たとえば食パンやロールパンなどがこれに相当します。それ以外ではたとえば菓子パンのような甘系のパンであれば、食塩は1・0%前後です。これは食塩を2・0%添加すると、フィリングの甘味とパン生地の塩味のバランスが悪く、食べたときに甘辛く感じるからにほかなりません。また、例外的には、イタリア中西部のトスカーナ地方にあるデュラム小麦（主に地中海沿岸で栽培される、超硬質・高タンパクの小麦の一種）の粉で焼いたパーネ・トスカーナなどは塩がまったく添加されません。これは副菜が塩気の強いものが多いので、無塩パンになったのではないかと筆者は推測しています。日本では「腎臓疾患患者向けの処方箋ブレッド」（筆者命名）は無塩かつ低カリウムのパンがあります。食塩の入らないパンは無味乾燥で、決して美味しいパンとはいえないものが多いのですが、場合によってはいたしかたありません。反対に塩味パンは食塩の添加量が2・0〜2・5%と高くなりますが、2・5%を超えると、塩辛くて食べづらいパンとなります。

次に塩の種類によってパンの塩梅がどのように変化するかを考えてみましょう。塩化ナトリウ

Aのパン生地……食塩を使った場合（塩化ナトリウムは100%）
Bのパン生地……精製されていない塩を使った場合（塩化ナトリウム含有量80%とする）

生地中の塩化ナトリウム量の差

2000g（小麦粉量）× 2/100（小麦に対する食塩の割合）＝ 40g（A、B食塩の添加量）
（A）の塩化ナトリウム量＝ 40g × 100/100 ＝ 40g
（B）の塩化ナトリウム量＝ 40g × 80/100 ＝ 32g
（A）－（B）＝ 40g－ 32g ＝ 8g
約2000gの（A）、（B）のコッペパン生地中の塩化ナトリウム量には8gの差がある。

パン1個あたりの塩化ナトリウム量の差

小麦粉2000gでコッペパン（生地重量：50g、製品重量：42g）約80個分として、
8g ÷ 80個＝ 0.1g
コッペパン1個42g中には、BよりAのほうが0.1g多く塩化ナトリウムが含まれる。

食塩の添加量の調整

もしBのパンもAのパンの塩味にするならば、理論上は塩化ナトリウム量を等しくする。つまりBのパン生地に添加する食塩量を増やさなければならない。
100%× 2%（Aの塩化ナトリウムの比率）＝ 80%× X%（Bの塩化ナトリウムの比率）
X ＝ 2.5%
ゆえにAと同じ塩味を求めるならば、Bの食塩添加量を2.5%、全体量も変わってくるので、単純な計算はできないが、この場合は約50 gに上げなければならない。

逆にBの塩味にAを合わせるのであれば、
100%× Y%＝ 80%× 2 %
Y ＝ 1.6%
Aの食塩添加量を1.6%に下げなければならない。この場合は約32 gとなる。

図6-1　精製塩と天然塩によるパンの風味の違いと調整

ム含有率の高い精製塩の「食塩」と含有率の低い精製されていない「〜○○塩」ではパンの味にどのように影響するかを具体的に検証してみます。たとえば、「食塩」の塩化ナトリウム量を100％（A）、「〜○○塩」の塩化ナトリウム量は80％（B）として、それぞれ2㎏の小麦粉に対粉2％（標準）の食塩を添加したときの食塩量と、コッペパン1個あたりの食塩の差を、図6－1の計算で算出します。その結果42ｇのコッペパンを1個食べるとAのパンはBのパンより0・1ｇ多く食塩を摂取することになります。ここでは健康論議はさておき、味覚の上で0・1ｇの塩化ナトリウムの塩辛さの差は誰が食してもはっきりと認識できます。

そこで精製塩と精製されていない塩の塩味を調整する場合を考えてみました。若干アバウトな設定ではありますが、これがパンの塩味の調整法すなわち塩梅です。

2 パンをより美味しく食べる科学

卵サンドを10倍美味しく作るコツ！

家庭で作る代表的なサンドイッチ3種といえば、やはりハム＆野菜、ツナサラダそしてタマゴサラダでしょう。それらは万人受けする食材であると同時に、簡単に作ることができるからでしょうか。たとえば、ハムとレタスがあれば、それらをパンにはさむだけでハムサンドのできあがり、缶詰のツナにキュウリのスライスとマヨネーズとを混ぜ合わせればツナサンドが一丁上がりとなります。ところがタマゴサラダとなると、素材の旨味や食感だけで勝負というわけにはいきません。なぜなら調理六法の一つである「茹でる」という作業が必要になるからです。

そこで、今回は読者の皆様も大好きなタマゴサラダのサンドイッチにスポットライトを当てて、ご家庭で「タマゴサラダを10倍美味しく作るコツ」を少し科学してみましょう。

タマゴサラダは潰した茹で卵に少量の塩とこしょう、そしてマヨネーズを加えただけの非常にシンプルな料理ですが、状態のいいかつ美味しいタマゴサラダを作るとなると、それなりにひと手間をかけなければなりません。美味しいタマゴサラダを作る一番のポイントは、色鮮やかな美味しい半熟卵を茹で上げることです。以下に茹で方の手順を解説します。

美味しい卵の茹で方

①卵（軽く水洗いする）、塩、こしょうとマヨネーズを準備する。

②茹でる卵に対して十分な容積の鍋にたっぷりの水道水に卵を浸して常温から茹でる。

（茹でるときには十分な熱量があるほうが望ましい）

③湯温に注意する。75℃になったら、80℃を超えないように注意しながら茹でる。温度上昇をコントロールするには、火加減と差し水や少量の氷で対応する。茹で時間は湯温が75℃になってから、12～13分が目安となる。

④茹で上がった半熟卵はすぐに十分な量の氷水に漬ける（20～30分）。

⑤茹で卵が十分に冷めたら、殻を剝いてから好みの大きさにカットして、塩、こしょう、マヨネーズを加えてあえる。

この方法で卵を茹でると卵白と卵黄部分がほどよく熱凝固して、茹で卵全体の食感が柔らかくなめらかになります。理由は、卵白タンパク質の約54％を占めるオボアルブミンが75℃で全体的にプルンプルンと凝固し、卵黄はやや粘りはあるがよくほぐれる程度に凝固するためです。加えて卵黄のもつ風味を損なわずに卵黄の色目も鮮やかな黄色にすることができます。一方、80℃以上で長く茹でるとオボアルブミンがプリプリの硬めに凝固します。

また、卵白タンパク質に含まれるＳＨ基をもつ含硫アミノ酸（メチオニン、システインなど）が加熱によって分解され、その際に生じる硫化水素（H_2S）の発生が激しくなります。次にこの硫黄臭をもつ硫化水素が卵黄膜周辺に分散している鉄分と結合して硫化（第一）鉄と呼ばれる暗緑色～青褐色の化合物となり、茹で卵の卵黄の周囲のくすんだ色の原因となります（図６－２）。

$$Fe^{2+} + S^{2-} \rightarrow FeS$$

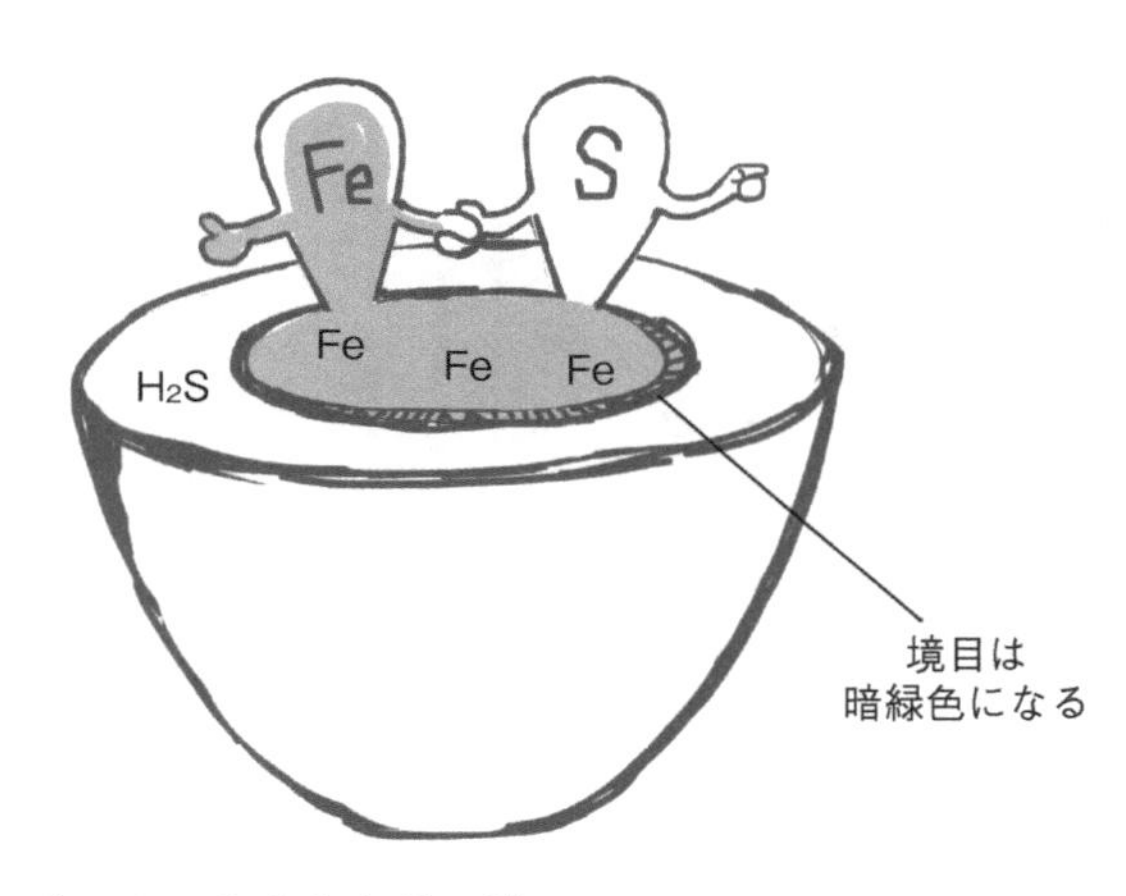

図6-2　茹で卵の卵白と卵黄の境目

さらに80℃を超すと卵黄中のカロテノイド色素に含まれるキサントフィル系色素の分解が進みます。そのうち黄色系色素は耐熱性で分解されにくいのですが、赤色系色素は非耐熱性で分解されやすく、卵黄全体の白色化を促します。

茹で上がった卵をすぐに冷却する目的は、余熱による熱凝固の促進を止め、余分な硫化水素のガス発生を防ぐとともに硫化第一鉄の生成を防ぐためです。また、30分以内に20℃以下に冷却して10℃以下で保存するという流れは、食品衛生上、茹で卵を安全な条件で保存することにもなります。

トーストするとなぜ美味しくなるのか？

コーヒーにトーストといえば、今や朝食の定番です。バターをたっぷりと塗ったトーストはバターの風味とともに香ばしく、表面がパリッとして、その上、中身がホクホクといった具合にわれわれの五感を幸せで満たしてくれます。もちろん、食パンの生食派の方も多くいらっしゃると思いますが、焼きたてからしばらくの間は美味しいでしょうが、1〜2日も経つと硬くなり、かなり味も落ちてきます。

パンは時間の経過とともに、含有水分の蒸発、デンプンの老化、グルテンの硬化などによって硬くなり、パサパサ、ボソボソとした食感になり、食べづらくなります。一度、老化・硬化したパンを加熱すると、焼きたてパンとは趣の異なる全く別の「トースト」に生まれ変わります。では、パンはトーストするとなぜ美味しくなるのでしょうか？　ひと言でいえば、再加熱することで新たな化学反応が生じるからです。

トーストで何がおこっているかというと、まず加熱することによって芯温60〜70℃で、老化（β化）したデンプンが再度α化します。そうするとクラムの食感がソフトになります。また、硬化していたグルテンが軟化するので、やはりクラムの食感がソフトになります。さらに加熱が進み、表面温度が150〜160℃になると、クラム表面でメイラード反応が生じるので、クラムが褐変するとともに香気成分が気化し、トーストに焼き色と香りがつきます。表面温度が190〜220℃になると、今度はクラムの糖質がキャラメル化するので、軽く焦げ目がつくとともに適度な焦げ臭をもたらします。

ここでより美味しいトーストの焼き方をお教えしましょう。まず十分に予熱すること、そして高温で短時間焼成（トースターにもよりますが200℃、2分半が目安）すること、そしてクラムの表面を加湿（パンの表面、裏面に霧吹きで水分を吹きかける）すると、トーストは断然美味しくなります。外側がカリッとサクッと、内部は閉じ込められた水分が残りしっとりとしたトーストは食感の対比を生み出し、噛む楽しみも増えます。噛んだときの咀嚼音というのは、美味しさに影響するのです。

また、工学院大学の山田昌治教授によれば、このトーストの美味しさの秘密は「熱力学のエントロピー増大の法則」によるものとレポートされています。詳しい理論は省略しますが、その法則による説明は以下のようになります。食パンを高温で焼くと、表面は熱く中は冷たい状態になります。表面と内部に温度差の勾配が生まれ、その温度差を均一にするために食パンの中では外側の温まった水分が中央に移動します。その結果、焼く前よりも、中心部分の温かい水分が増えるので、トーストが美味しく焼けるというわけです。

オーブントースター解体新書

トーストは硬くなったパンを再び焼き戻すために、トースターが開発されたことに起源があります。最初のトースターは１８９３年に英国のクロンプトン社から売り出されましたが、ヒーターにニクロム線ではなく鉄線を使用していたので、火花が出るなど問題が多かったようです。また、このトースターは片面焼きで、人が焼き加減を見ながら、ひっくり返す必要がありました。その後、アメリカでは１９１９年チャールズ・ストライトがタイマーによってトースト終了時に自動的にパンが上部に飛び出すポップアップトースターを開発します。それから改良を続けて１９２６年にはウォーターズゼンター社から一般家庭向けのトースターの第1号となる、ポップアップトースターが発売されました。また、日本では昭和30年（１９５５年）にポップアップトースターが、昭和40年（１９６５年）にオーブントースターがそれぞれ国内家電メーカーより発売となりました。

その後、日本では厚切りトーストを好まれる方や、冷蔵パンや冷凍パンの焼き戻し、またトーストを焼く以外（グラタンなどの加熱など）の機能を求める人が多く、ポップアップ型よりもオーブントースターのほうが主流となりました。

今日のオーブントースターはといえば、利用者の意識が、「トーストできれば何でもよい」から、「美味しいトーストが食べたい」に変化してきたので、それに対応すべく各家電メーカーで改良が加えられています。基本的なオーブントースターの加熱方法はヒーターから放射される放射熱と、加熱された熱が庫内に空気の循環を生み出し、それが対流熱となって、食パンが加熱さ

図6-3　かつて主流だったポップアップトースター

れるしくみとなっています。すなわち放射熱と対流熱の２種類の熱で食パンをこんがりトーストに加熱します。

では「美味しいトーストを焼くことのできる」最新型のオーブントースターの加熱方法はどのように改良されているのでしょうか。

一つはヒーター（熱源）の種類の違いにあります。従来型のヒーターは遠赤外線放射に優れた石英管ヒーターが主に使用されています。石英管ヒーターは食品表面の熱吸収が速いので、短時間で焼き色をつける常温食パンのトーストには適していいます。しかし、冷凍した食パンなどは、外が焼けても中が冷たいといった結果になりがちです。そこで石英管ヒーターに加えて、食品の芯部へ、より透過率のいい近赤外線領域で放射率の高いハロゲンヒーターもしくはアルゴンヒーターが搭載

図6-4　最新式の多機能オーブントースター
（写真提供：パナソニック）

されるようになりました。そして遠・近赤外線ヒーターの併用により、食パンの表面部分から芯部への熱透過が効率よく進むようになり、熱効率の均一化と加熱時間の短縮が可能となりました。

その結果、食パンからの水分蒸発を減らし、食パン内のデンプンの再α化とグルテンの軟化速度を短縮し、冷凍食パンのトーストも美味しく仕上げられるようになり、外側はカリッとサクッと中はホクホクでしっとりとしたトーストの実現が可能となりました。また、スチームや過熱水蒸気を用いたトースターもありますが、これらは、100℃あるいはそれ以上の水蒸気を熱源として用います。原理としては、水蒸気を庫内に一時的に充満させる方式なので、瞬間的な熱容量の増加とそれにともなう食材に対する伝熱効率を高める効果があります。

次に最新型のオーブントースターには、庫内温度や焼き枚数に応じて焼き加減を調整するプログラムが組まれているものがあります。お好みの焼き具合（たとえば標準とか濃いめなど）を選別して「トースト」ボタンを押すだけで、食パンの厚みや枚数が変わっても、自分の好みの焼き具合にトーストしてくれます。ただし注意点が一つ。オーブントースターは庫内に入れる食パンは2枚入る物が主流です。厚みの違う食パンを同時に入れると、それらを平均的にトーストするので、せっかくのよさが半減します。食パンを同時に2枚入れる場合は、できるだけ同じ厚みのものにそろえるか、別々に焼いてください。

また冷凍食パンのトーストも美味しくできる機能もうれしいものです。「冷凍トースト」コースがある機種は、「解凍」と「焼成」を2段階に分けて加熱します。「解凍」の段階は温度調節しながら、比較的低温で解凍します。ある程度解凍できたタイミングで、一気に高温で加熱します。これにより、常温食パンのトーストより時間はほぼ倍かかりますが、冷凍していたとは思えないほど、芯部が温かくふっくらとした仕上がりになります。

このような熱源の改良、プログラムの進化によってパンの種類、大小の違いなどの変化に対応でき、いろいろなパンのリベイクが美味しくできるようになっています。ますます、楽しみの増えるオーブントースターですが、トースト以外の他の食品への利用方法も格段に汎用性が高くなっています。今後も注目の調理家電のカテゴリーといえるのではないでしょうか。

ホームベーカリー解体新書

オーブントースターに触れると、やはりホームベーカリーの進化にも触れないわけにはいきません。十数年前よりブームになり、いまやすっかり家庭のキッチンに定着した感のあるホームベーカリーですが、筆者自身も約30年前の初期モデルの開発や、ここ数年のメーカーの商品開発にアドバイスする形で携わってきました。一般家庭で簡単に全自動でパン作りができる機器ですが、製パン科学の観点から見ても、メーカーや機種によってもちろん違いはあるのですが、非常に理にかなった工夫がされているといえます。

その一つに、各種メーカーで、インスタント・ドライイースト（以後イースト）が最初に水に触れない工夫がされていることがあげられます。イーストが最初から水分に触れると、すぐに発酵がはじまるのでパン生地が過発酵・過熟成になってしまうのです。

私が関わった機種では、発酵が過不足なく行われるように、イーストが途中で投入される構造になっています。工程としては、予約したできあがり時間に合わせてスタートすると、まずは材料を途中まで練る（ミキシング）「前ねり」工程があります。その後、時間調整のための「休憩

図6-5　30年前の日本第1号ホームベーカリー（左）と2017年モデルの最新ホームベーカリー（右）
（写真提供：パナソニック）

時間」があり、生地を練り上げる「後ねり」がはじまります。この「後ねり」がはじまる直前に、あらかじめ保存されていたイーストが自動的に投入されるシステムになっているので、パン生地はよい状態を保ちながら適度に発酵されます。このように「前ねり」「後ねり」と練りのプロセスを2分割することで、生地の温度上昇も抑えられ、「休憩時間」に水和とグルテンの柔軟性を改善することができるため伸長性に優れた生地ができます。プロ仕様のミキサーに比べて狭い庫内で「ねり羽根」が小さくても、必要かつ十分な「ねりプロセス」がふめます。さらに「前ねり」「後ねり」の長短を変えることで、さまざまなパンの種類に対応できるのです。

工夫の二つ目として、外気温計測のためのセンサーが内蔵されるなどして、外気温の変化に応じて「ねり時間」や「発酵時間」を微調整できるようになっている点があげられます。パン生地発酵には厳密な温度管理が必要なのですが、メニューごとの発酵プログラムに応じて、ヒーターを使って庫内の温度をコントロールしています。また、外気温の計測に連動して夏場は「発酵時間」をやや短めにして生地の過発酵を防ぎ、冬場は「発酵時間」をやや長めにして生地の発酵不足がおこらないようプログラムされていたりもします。

さらに焼成構造のシステムにもさまざまな工夫があります。ホームベーカリーでは予熱時も生地が庫内にあることを前提に、ヒーターの配置、庫内が高温（180℃～）に到達するまでの昇温時間、生地の最終発酵に要する時間などのバランスを考えて作られています。また、容器の受熱性や熱伝導性、熱反射板の位置などを綿密に計算し、焼成プログラムを機能的に作っています。

このような工夫により、環境の変化に左右されることなく、春夏秋冬1年間を通じて安定した仕上がりを実現しているのです。発売当初は食パン専用自動パン焼き器であったホームベーカリーが、現在では食パン、パン・ド・ミ、バラエティー・ブレッドはもとよりリーン系のフランスパン、ライ麦パンや、リッチ系の菓子パン、ブリオッシュなども作れるように開発され、幅広くプログラムされています。また、発酵種や低イースト量添加生地を使えたりするなど、材料の多様化に対応できるものもあり、進化にはめざましいものがあります。

最新機種の多くは、「ねり」「発酵」「焼成」のそれぞれの工程を単独で使用できるマニュアル機能が搭載されており、プロセスの一部を自動で作り、あとは好みで自分流に調整するなどさまざまなニーズに対応しています。可変モーターの搭載などにより回転速度が細かく設定できるようになり、ねり時間、発酵時間、焼成時間と発酵温度、焼成温度も細かく調整できて、本格的なパン作りを楽しめる仕様になっています。

7 パンのよもやま話

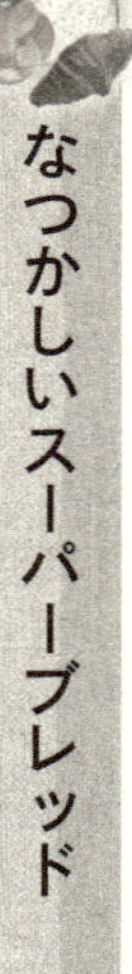

なつかしいスーパーブレッド

皆さんは信じられますか？　断面のクラムの色が真っ白で、室温で1週間以上置いても柔らかくカビも生えない、栄養たっぷりのスライス食パンを！　まさにスーパー食パンです。この"WONDER BREAD"（ワンダーブレッド）と呼ばれる食パン、アメリカのコンチネンタル社によって80年ほど前に発売されました。同社は、世界初のパン用スライサーによるスライス食パンを発売したり、エンリッチブレッドと呼ばれるビタミンやミネラルを添加した栄養満点の食パンを開発するなどして、ワンダーブレッドはすっかり人気のブランドとなりました。また、全米で初めて包装紙に商品の成分表示を記して公開したことで、信用度が高まったのです。

１９５０年代には同社の赤・黄・青の水玉模様に自社のロゴ入り包装紙に包まれたローフ・ブレッドが一躍大人気となり、さらにワンダーブレッドブランドは不動の地位を確立しました。その後半世紀にわたって、アメリカだけではなくカナダ、メキシコなどの多くの人々に愛され続けました。１９９０年代に入ると健康志向や自然派志向の波が訪れたのを機に衰退しはじめ、２０１２年にその歴史にピリオドを打ちました。しかしその後も、"WONDER BREAD"のロゴをデザインしたアウトレット・グッズ（ランチボックスやスナックパッカーなど）は大人気商品で、

現在もネット通販などで販売されています。アメリカン・ノスタルジーなのでしょうか⁉

当時、世界で最も多く生産されて食されたワンダーブレッドは日本でも昭和50年代に都市圏の大手量販店を中心に販売されていました。読者のなかにはご記憶の方もいらっしゃるのではないかと思いますが、筆者は１９８０年代のアメリカ留学時代に、このワンダーブレッドにずいぶんお世話になりました。「パンが硬くならない、カビが生えない！」とにかく便利なこの食パン、２枚使って、それぞれの片面にピーナツバターといちごジャムを塗って、アメリカ流のサンドイッチにして朝食や昼食にむしゃむしゃと食べたことを昨日のことのように思い出します。

以下、ワンダーブレッドの特徴とそのしくみについて述べます。

まず「パンのクラムが真っ白である」こと。これは当時のアメリカの流行りで漂白小麦粉を使用していたためです。製粉した粉のタンクの中に塩素ガスを吹き入れて、小麦粉に含まれる主にキサントフィルやカロテンなどカロテノイド系色素（赤・黄色色素）を分解することで、漂白します。その結果、クリーム色の小麦粉が純白になり、その粉で焼いた食パンのクラムの色は真っ白というわけです。日本でも昭和50年頃までは漂白小麦粉が主流でしたが、その後製粉業界の自主規制により塩素ガスや過酸化ベンゾイルの希釈粉体などによる漂白粉は撤廃されました。

次に「パンが柔らかい」点は、モノグリセリドや卵黄レシチンなどのレシチン乳化剤の添加によってパン生地の乳化が促進されたことによります。それによって、細かくいうと、生地中の自由水の分子が拡散してパンのクラムのセルが細かくなり、パン生地の焼成時にデンプンが膨潤し、糊化時にアミロースの流出を制限するので、デンプン粒の保水性が高まるということがおこります。そうするとパン生地の焼成時に、グルテンの離水を軽減させることができるのでグルテンの伸長性・伸展性がよく、膨潤・糊化したデンプン粒をグルテンフィルムで包み込むので、パンのクラムが軟化します。

また、ボリュームがあってふっくらしているのは、臭素酸カリウムなどの酸化剤を添加して、生地中のグルテンの組織を強化して、容積を増大させているのです。日持ちがよく1週間程度ではパンが硬くならないのは、還元剤や酵素剤などを添加して、生地中のグルテンの伸展性や軟化を促進させている結果です。栄養面ではビタミンBを中心としたビタミン群やカルシウムを中心としたミネラル群を添加し、防カビ剤としてプロピオン酸カルシウム、プロピオン酸ナトリウムなどを添加しています。

ソフトでカビも生えない美味しい食パンが、週に1回の買い物ですむ、理想的なこのワンダーブレッドを筆者なりに解釈してみます。背景には、第二次世界大戦後のまさにアメリカ経済の成長期にあり、多くの女性が社会に進出したため家事の合理化が進められたことがあったのでしょう。消費者ニーズにすぐに応える形で、以下のように商品化が進んでいったのではないでしょうか。

・パンを切るのが面倒↓スライスパンとして商品が登場
・子供たちに栄養のあるものを手間をかけずに食べさせたい↓ビタミン添加のパンが登場
・毎日買い物する暇がない↓還元剤や酵素入りのいつまでも柔らかいパンや防カビ剤入りのパンが登場

いってみれば、ワンダーブレッドは当時のアメリカのベーキングサイエンス&テクノロジーを集約した食パンであり、ケミカル（化学薬品）万能時代に即したケミカル・ブレッドであったと思います。やがて時代の流れとともに需要は減少していきますが、ケミカル・ブレッドの是非はともかく、少なくとも世界的に20世紀をリードした食パンであったことは間違いのない事実です。

このようなケミカルや添加物の話を展開するとパンを嫌いになる方もいらっしゃるかもしれませんが、今日の日本では半世紀前のアメリカのワンダーブレッドに使用された食品添加物はほとんど使用されていません。特に毎日食べる食パンについては大手パンメーカーをはじめ多くのパン屋さんが完全無添加を目指して生産努力をされています。また、パン品質改良剤などに含まれる添加物をごく微量使用する際も、厚生労働省で認可されている食品添加物とその使用基準を厳守しているので、安心してパンを召し上がってください。

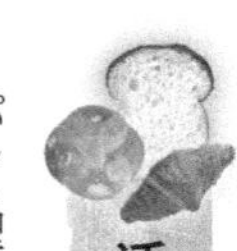

添加物——パン品質改良剤の話

パン品質改良剤とは、良質で安定したパンを作るために開発された食品添加剤の名称です。イーストフードやパン生地改良剤などとも呼ばれ、それぞれに機能をもった化合物や混合物がバランスよく配合されています。最初に製造したのは、アメリカのフライシュマンズ社で、1913年のことでした。当時は主にパン生地の物性を改善することを目的に、仕込みに使用する水を改良するために使われたようです。

一般のパン生地改良剤は日本においても1950年代以降現在に至るまで大手メーカーを筆頭に多くのベーカリーで多用されています。現在のパン品質改良剤は生地の発酵を促進させ、パン生地の物性などを改善するために使われます（表7-1）。日本の水道水は軟水も多いので、パンの種類によってはやや硬水が適している場合は、改善する目的で使用することもあります。

パン品質改良剤は、使わないとパンができないというものではありません。生産者や製造者がおかれている環境や条件によって添加されています。機械で作るパンにおいてはパン生地の損傷がさけられないので、それを保護する目的で使用されていることもあります。また、パン品質改良剤を添加されたパンであっても、開封後は低温、低湿の冷暗所に保管する、消費期限を守る、

目的	主な成分	効果
イーストの栄養源	塩化アンモニウム、硫酸アンモニウムなどのアンモニウム塩	窒素源としてイーストの栄養となり、発酵を助成
原料水の硬度調整	炭酸カルシウム、硫酸カルシウムなどカルシウム塩	生地pHの調整、グルテンの強化などにより、生地の発酵促進やガス保持を改善し、パンのボリュームアップに
酸化剤	アスコルビン酸、グルコースオキシダーゼなど	パン生地の酸化を促し、グルテンを強化。焼成中に生地のカマ伸びもよくなり、パンのボリュームアップに
架橋剤	L-シスチンなど	グルテンの架橋密度を高くすることでパン生地のガス保持力が向上
還元剤	L-システインなど	パン生地の還元を促し、グルテンの伸展性、伸長性がよくなる
酵素剤	アミラーゼ、ヘミセルラーゼ、プロテアーゼ、リポキシダーゼなど	アミラーゼによって糖化された麦芽糖がイーストの栄養源となり、発酵を助成。ヘミセルラーゼによって食物繊維が分解され、パンがソフト化。プロテアーゼはアミノ酸を生成して、イーストの栄養源に。リポキシダーゼは生地中の色素を分解して、クラム部分を白色化
乳化剤	モノグリセリド、シュガーエステルなど	生地中の水分子と油脂分子とを均一に拡散し、生地の伸長性や伸展性を改善。機械耐性が向上し、パンのボリュームアップ。デンプン粒のミセル構造にエマルジョンが浸潤して、パンの老化を遅延させる

表7-1　品質改良剤の主な成分と役割

開封後はできるだけ早く消費する、といったことは必要です。

国内産パン用小麦粉の大躍進！

従来のパン用小麦粉に使用されてきた国内産小麦の多くは、そもそも遺伝的に麺用の小麦であり、それを原料とする中力粉を各製粉メーカーが工夫してパン用、あるいはフランスパンのブレンド用として使えるように開発してきました。

1980年代後半になり、北海道産の春まき小麦「ハルユタカ」が国内産初のパン用小麦として開発され、注目をあびました。国内産や有機栽培などにこだわる一部のリテイルベーカリーが「ハルユタカ」をはじめとする国内産小麦によるパン加工を試みましたが、残念ながらそれらの多くの商品は消費者に評価されるにはいたらなかったようです。

しかし2000年代初頭には北海道の生産者並びに農業試験場をはじめとする各研究機関での開発が進み、国内産パン用小麦の品種改良と作付け改善の結果、国内産小麦粉の製パン性が劇的に向上しました。2000年代に入ると「ハルユタカ」の子どもにあたる「春よ恋」、北海道品種とハンガリー品種を父母にもつ秋まき小麦「キタノカオリ」などパン用強力小麦が登場。さらに2000年代後半にはキタノカオリを父にもつ超強力小麦「ゆめちから」が開発されます。

そしてここ数年、リテイルベーカリーではそれらの国内産小麦の粉を原料にしたセミハード系のパンなどが商品として陳列台に並ぶようになりました。また２０１３年から一部の大型ベーカリーでも「ゆめちから」を筆頭とした国内産小麦使用の食パンやロールパンなどを通年販売するようになり、大手スーパーなど量販店のパン棚を賑わすようになります。国内産パン用小麦の製パン性や機能性の進化の証明であるといえましょう。

30年前に誕生した「ハルユタカ」に比べると、現在のパン用小麦は収量が増加し、病害耐性（赤かび病、穂発芽など）が上がり、タンパク量が増えるなど質の向上がみられます。パン加工における機能性も格段によくなりました。

小麦粉の重要な役割であるパンの骨格作りにおいて、タンパクの量と質、デンプンの粉の粒度と、アミロースとアミロペクチンの比率などが劇的に改善されたことで、技術上パン加工を容易にするのみならず、パンを食べやすく美味しくすることに成功したといえましょう。

私見として少し具体的に説明を加えると、小麦タンパクから形成されるグルテンの遺伝的改善によって、従来の国内産パン用小麦を使用するよりも柔軟で伸長性のあるパン生地を得ることが可能となりました。これはパン生地中を縦横無尽に張り巡らせているグルテンの性質が、硬くゴム質の強いものから柔らかく伸長性・伸展性に富んだグルテンに変化したことが第一の要因となります。その結果、オーブンで焼成されるパン生地のカマ伸びも改善され、ボリューム感のあるふっくらしたパンに焼き上がります。歯切れも口どけもよくなり、食感は従来のそれらと比較すると雲泥の差となります。

次に皆さんには反意に感じられるかもしれませんが、パンの食感にある種のもちもち感と弾力を多少感じました。これは高タンパク粉であるがゆえ、パン生地中のグルテン量が多いのとやや低アミロース小麦粉（小麦デンプンのアミロペクチン比率が高い）となるので餅質食感が強くなることで説明がつきます（p.67参照）。

パンの風味としては麦自体がもつ植物臭を多少感じますが、これは父方にもつキタノカオリの特性と考えられます。具体的にはデンプンの糊化時の糊の味や香り、小麦タンパクの熱凝固時の味や香りにやや強く反映されていると考察します。

この「ゆめちから」の成功で、それに触発されたかのように、現在では北海道から九州までいたるところで、あらゆる国内産小麦の見直しが進められています。今後の「国内産小麦」がどのような発展を遂げるか大いに期待するところです。

古代エジプト時代のパンとビールの鶴亀算

ここで、パンにまつわる昔の計算式を紹介します。

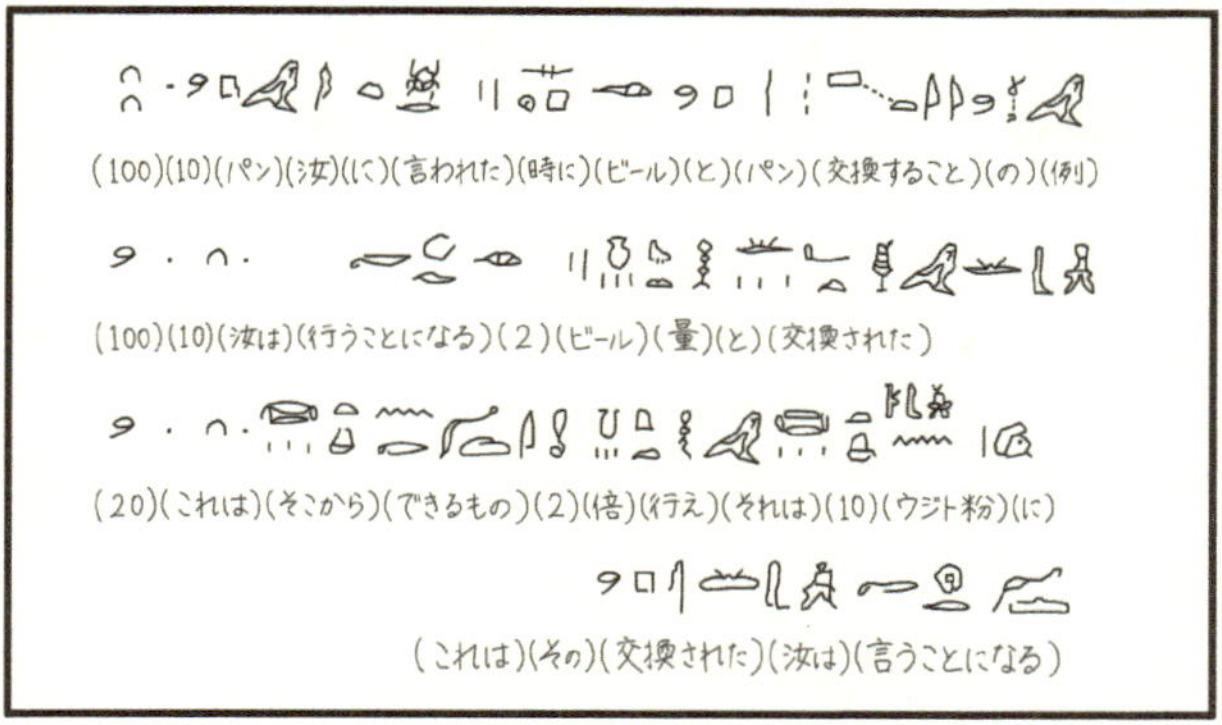

図7-1　エジプトの数学（鶴亀算）
「リンド数学パピルス」の「パンとビールの交換問題」より

【問題】
2ペフスのビール10デスが5ペフスのパンと交換されたとき、パンはいくつになるか？

この問題は古代エジプトの数学書「リンド数学パピルス」の中の一問です。この書は1858年にイギリス人のアレクサンダー・ヘンリー・リンドによって発見されたことから彼の名にちなんで名づけられたとされています。パピルスとはエジプトに自生しているパピルス草の繊維から作った和紙のようなもので、古代エジプト象形文字や表音文字が描かれた筆記媒体のことです。リンド数学パピルスには84題の例題と解答が記されており、その内容は主にパンの分配、パンとパンの交換、パンとビールの交換などに必要な数学です。

また、賃金、土地分割、ピラミッド建設などに必要な数学が、分数、乗法・除法、連立方程式や等差級数などを駆使して織り込まれています。

さて問題に戻りましょう。まず古代エジプト時代に使われていた単位には次のようなものがあります。

・ヘカト：パンやビールの原料となるウジト粉（大麦粉）を量る一定量の枡の容積
（1ヘカト＝約4・8リットル）
・デス：一定量の液体を量る器の容積
・ペフス：食物や飲料の料理比（たとえば1ヘカトの粉から10個のパンができれば10ペフスとなる）

【解答】
（10デスのビール）／（2ペフスのビール）＝（5ヘカトのウジト粉）
（5ヘカトのウジト粉）×（5ペフスのパン）＝25個のパン

【解説】
1ヘカトのウジト粉から2杯のビール（鶴）が作られるので、10杯のビールをつくるには10÷2

＝５ヘカトのウジト粉が必要となります。次に１ヘカトのウジト粉から５個のパン（亀）を作ることができます。よって５ヘカトのウジト粉からできるパンの数は５×５＝25個のパンとなります。

こういった鶴亀算などが載っているパピルスを見る限り、エジプト人は今より４０００年近く前にすでに10進法の加減乗除を使いこなしていた様子です。一説によると当時のメソポタミアの人々はエジプト人を「パン喰い人」と呼んでいたようです。パンを食べるために数学も発展させたのかはわかりませんが、それぐらいエジプト人はパン好きだったようですね！

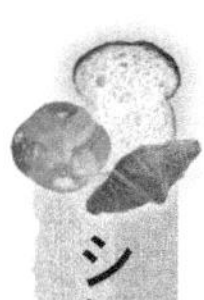

シンプルで便利なパン生地の発酵テスト

ドイツ生まれの穀物学者のポール・フレドリッヒ・ペルシェンキが１９３３年に発表したパン生地の発酵力を見極める簡易テストがあります。その簡便性と優秀性が認められてアメリカ穀物科学学会インターナショナル（ＡＡＣＣＩ）の試験法に正式に認定されたのが１９６１年で、そのときに彼の名にちなんでペルシェンキ・テストと命名されました。この試験法は古代ギリシャの科学者、アルキメデスが発見した、物体の浮力の原理を応用したもので、非常に簡単かつ明瞭

1. 約９％の生イースト溶液を準備する（10gの生イーストと100mlの水）
2. ４gの小麦粉を準備して、イースト溶液を加える。よくミキシングしてパン生地を完成させる。
3. 150mlのビーカーに約30℃の水を80ml用意し、その中に完成したパン生地を入れる。
4. 最初水底に沈んでいるパン生地が水面に浮き上がり、その後破裂するまでの時間を計測する。

①物体の比重（X）が水の比重より大きければ$X>1$（４℃の水の比重）となり、この場合、物体は水に沈みます。
②物体の比重（X）が水の比重とほぼ同じであれば$X=1=$水の比重となり、この場合、物体は水中に浮遊します。
③物体の比重（X）が水の比重より小さければ$X<1$となり、この場合、物体は水面に浮きます。

図7-2　ペルシェンキ・テストによるシンプルな発酵力測定法

な理論です。アルキメデスの発見から、長い時が経ってもいまだに使われ続けていることは驚きです。テスト法を簡単に説明すると図７－２のようになります。

ペルシェンキ・テストでは、物体をパン生地に置き換えて、そのパン生地が発酵・膨張することにより、はじめは水底に沈んでいるパン生地が徐々に水中そして水面に浮かび上がり、やがてそのパン生地が破裂するまでの時間を計測します。それによりパン生地に使用された小麦粉から作られたグルテンの強さや、使用されたイーストのガス発生力を、時間の経過とともに判定する試験法です。

パン生地の発酵が進むと炭酸ガスが生成されるので、パン生地は膨張します。当然炭酸ガスの比重はパン生地より小さいので、時間の経過とともにパン生地の比重はこね上げた直後よりどんどん小さくなります。その性質を利用して測定を行います。

このテストの判定法は基本的にパン生地が早く浮上すればそのイーストの活性はよいということになります。また、パン生地が破裂するのが遅ければ遅いほど、その小麦粉のグルテン組織は強靱で、ガス保持力にすぐれた小麦粉であるという判定になります。ただ、これらの考え方は一昔前のパンはなんでもかんでも膨らめばいいという考え方が基本になっているので、筆者はこの基本理論に加えてさらなる応用と解釈が必要と考えます。たとえば、フランスパンと食パンを比較すると、イーストの添加量や生地ミキシングの状態そして発酵時間などが違います。フランスパンでは噛めば噛むほど独特の味わいが感じられる食感を求めるので、あえて生地のボリュームを制限するといった操作が必要となります。一方、食パンはふっくらと柔らかい食感を求めるためにパンのボリュームをかなり求めます。当時アメリカで評価されたペルシェンキ・テストはあくまでも、食パン加工を想定した場合のイーストの活性を計るための簡易テストです。

今日ではパンの種類も無数にあり、イーストの種類も数多く開発されています。この計算法もケース・バイ・ケース、パン・バイ・パンで利用していかなければいけないということです。

8

種類豊かな欧米のパン

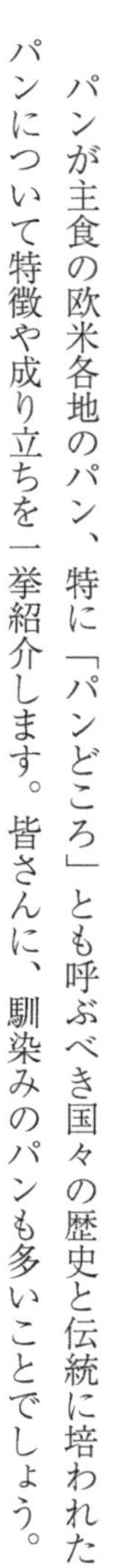

パンが主食の欧米各地のパン、特に「パンどころ」とも呼ぶべき国々の歴史と伝統に培われたパンについて特徴や成り立ちを一挙紹介します。皆さんに、馴染みのパンも多いことでしょう。

＊フランスのパン

日本でいうところのフランスパンは正確には「パン・トラディショネル・フランセーズ」といいます。通常はそのように長ったらしく呼ぶことはなく、バゲット、パリジャン、プティ・パンなどの個別の名前で呼ばれています。パン生地は同じですが、重量、形、クープ（生地表面の切り込み）の数などの違いによって味や食感が変化します。その数は10種類以上あります。

フランスでは朝食にはカフェ・オ・レとともに、昼食にはハムやチーズをはさんでサンドイッチに、夕食には料理やワインの付け合わせにと365日、一日中登場する、まさにフランス人の食生活に密着したパンといえましょう。基本的には小麦粉、塩、イースト、水だけで作られる最もリーンな配合のパンですが、焼き上がったパンは芳香豊かで黄金に輝いています。パリッとしたクラストの食感としっとりしたクラムのコンビネーションは絶妙といえましょう。最少の材料で最大の旨味や風味を引き出すパン、シンプルかつデリケートなパンを、フランス人が「バゲットはパンの王様」と自慢するのもわかる気がします。

【バゲット（Baguette）】（図８－１）

図8-1　バゲット

バゲットとは棒の意味でパン・トラディショネルを代表するパンです。最もポピュラーな食事パンとしてフランス人に愛されています。香ばしいクラストとしっとりとしたクラムのバランスのよさが特徴といえましょう。

【プティ・パン（Petits pains）】（図８－２）

プティ・パンとは小型パンの総称で、パン・トラディショネルの中でも最も種類の多いパンです。どちらかといえば、家庭よりレストランで料理の付け合わせにサービスされるパンでしょう。比較的クラム部分が多く、料理のソースを含ませて食するのに適しています。

【パン・ド・カンパーニュ（Pain de campagne）】（図

8－3）

パン・ド・カンパーニュは直訳すれば、田舎パン。家庭の味、故郷の味を思い出す、といった家庭における食事パンの主役の一つといえましょう。パン・トラディショネルは通常小麦粉だけで生地を作りますが、パン・ド・カンパーニュはライ麦粉を配合し、1時間近くかけて焼き上げた大型のどっしりとしたパンが多いようです。分厚く香ばしい皮と、しっとりと嚙みごたえのあ

図8–2　プティ・パン

図8–3　パン・ド・カンパーニュ

る中身のパンを何日もかけて食すことが多いようです。

【パン・ド・セーグル（Pain de seigle）】（図８－４）

パン・ド・セーグルのセーグルはライ麦の意味です。通常、ライ麦粉の割合は使用する粉量の2～3割程度ですが、多いものでは5割近く配合されるものもあります。そもそもは南ドイツからアルザス地方を経て伝わり、フランスで本格的に発展したパンのようです。パン・ド・セーグルはライ麦粉独特の風味や食感が特徴的で、食事用のパンとして市民権を得たパンの一つです。特にカレンズ（レーズン）などのドライフルーツ、またノワ（クルミ）などのナッツ類を練り込んだものはワインやフロマージュ（チーズ）との相性がよく、多くの人々に愛されています。

図8-4　パン・ド・セーグル

ここからは、リッチな配合のパンを紹介します。

【パン・オ・レ（Pain au lait）】（図８－５）

パン・オ・レのレは牛乳の意味です。ミルク風味の軽い食感のパンで、ホテルの朝食（コンチネンタル・ブレックファース

図8-5　パン・オ・レ

図8-6　クロワッサン

ト）ではよくパン・ド・ミ（食パンに近いフランスパン）やクロワッサンなどといっしょにバスケットに盛られています。牛乳をたっぷりと練り込んだパン・オ・レは酪農の盛んなフランスならではのパンといえましょう。

【クロワッサン（Croissant）】（図8－6）

　クロワッサンの誕生についてはいろいろな説がありますが、代表的なのはウィーン説とブダペスト説。両都市とも17世紀に侵略してきたオスマントルコに勝利し、それを祝ってトルコ国旗の象徴である三日月を模したパンを食したことがはじまりという説です。やがて、これがパリに伝わり、その名もフランス語の三日月の意味のクロワッサンとなったとか。現在のような折り込み生地で作るようになったのは20世紀になってからのことです。

　クロワッサン生地でチョコレートを巻き込んだパン・オ・ショコラ（図8－7）はフランスでは数少ないチョコレートを使ったパン菓子です。フランス人はパン・オ・ショコラが大好物で、

SNCF（フランス国有鉄道）の駅やオートルート（高速道路）のサービスエリアのカフェで、朝からコーヒーといっしょに頬張っている姿を見かけます。

【ブリオッシュ（Brioche）】（図８－８）

フランスのノルマンディー地方で生まれたとされるパンです。18世紀の料理人ムノンの著書にホットチョコレートを飲みながら食べるものとしてブリオッシュの名が初めて記され、19世紀はじめには偉大なる料理人で菓子職人のアントナン・カレームによって菓子として広く紹介されました。現在でもバターや卵などがたっぷりと練り込まれる人気のパンです。

図8-7　パン・オ・ショコラ

図8-8　ブリオッシュ

ブリオッシュは形によっていろいろな名称がついています。代表的なものに、「頭つき」のブリオッシュ・ア・テット、円筒形のムスリーヌ、王冠型のクーロンヌ、箱型のナンテールなどがあります。特に平たくのばしたブリオッシュ生地にカスタードクリームとレーズンを巻き込んで筒状にし、さらに輪切りにして焼いたパン・オ・レザンはフランス人のお気に入りです（図8－9）。

また、ブリオッシュ生地はパンや菓子だけに使われるのではなく、料理でもしばしば登場します。有名な料理に、ブリオッシュ・ソーシッソン（太めのソーセージをブリオッシュ生地で巻いて焼き上げたもの）、クリビヤック・ド・ソーモン（サーモン、たまねぎ、ライスなどにホワイトソースを絡めたフィリングをブリオッシュ生地で巻いて焼き上げたもの）などがあります。

ここでブリオッシュに関する小話を一つ。1669年のこと、オペラ座の指揮者、ペラン神父は、楽団員があまりに怠慢で練習をサボるので、彼らがヘマをするたびに罰金を科すことにしました。その罰金を貯めて月末に買ったものがブリオッシュ。団員全員で食べたのだそうです！

図8-9　パン・オ・レザン

【クグロフ（Kouglof）】（図8－10）

クグロフといえば、フランスはアルザス地方の名物菓子。この地方のリボーヴィレという村で、キリストの生誕と時を同じくして生まれたのだという伝説がありますが、実際には17世紀にドイツ方面から伝わったのではないかと推測されます。アルザス地方はホップの産地であり、ビールの醸造も盛んであったため、当時からビール酵母で生地を発酵させて作っていました。また、アルザスでは甘くしたクグロフをクグロフ・シュクレと呼び、おやつとして食し、塩味のクグロフをクグロフ・サレと呼び、ビールやワインのおつまみとして食しています。

現在でも、リボーヴィレでは6月の第1週の週末にクグロフ祭が開かれます。当日は、昔ながらの製法でクグロフ型に入れて焼かれたクグロフが朝からコンテスト会場に並び、村人がアルザスワインとともに思い思いのクグロフを味見してまわります。主役は巨大クグロフで、神輿のようなものにのせて、村の目抜き通りを練り歩きます。また、アルザス地方のクグロフ型には色とりどりの花模様が描かれており、見た目もあざやかでコレクションする人々も多いようです。

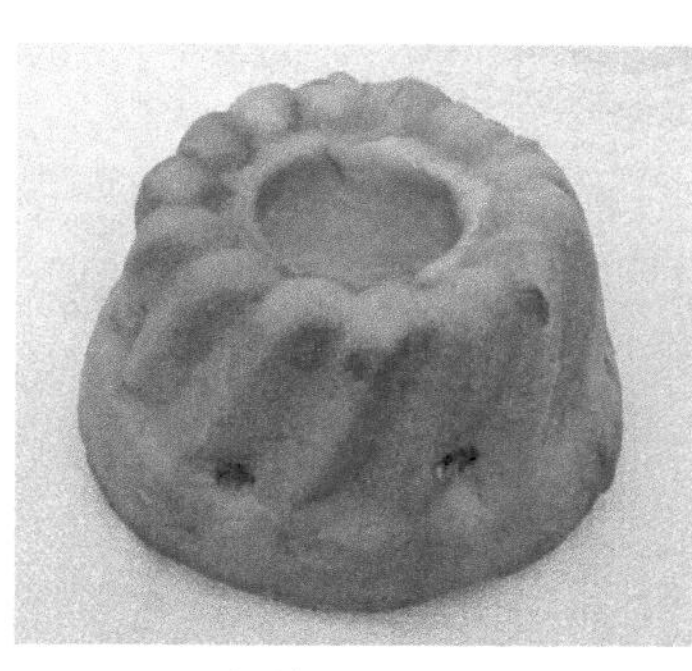

図8-10　クグロフ

クグロフにまつわる小話も一つ。『ラルース・ガストロノミック』（1938年にフランスで刊行された料理事典）によれば、このクグロフが日の目をみたのは18世紀後半にかのマリー・アントワネットに気に入られたからとなっています。1789年のフランス革命のときに人々が口々に「一切れのパンを！」とさけんでいるのを見たマリーが「パンがな

ければお菓子を食べればよいのに」といったとかいわなかったとかという話はあまりにも有名ですね。その「お菓子」がクグロフであったといわれています（ブリオッシュという説もあり）。

＊オーストリアのパン

【カイザーゼンメル（Kaisersemmel）】（図8－11）

オーストリアや南ドイツでポピュラーな小型の食事パンです。成形したパン生地の表面に専用の押し型で5弁の花のような模様をつけて香ばしく焼き上げます。ゴマやケシなどのシード類をトッピングしたものもあり、賑わいを与えています。サンドイッチに最適なパンで、お店でも家庭でも、2つにスライスしたものに好きな具材を挟んで食するのがオーストリアやドイツ流です。

カイザーゼンメルのカイザーは皇帝の意味で、その名のとおり皇帝のパンとして継承されてきました。ゆえにその姿・形はシャープな美しさを求められてきました。5弁の花びら形のパンの形は専用の押し型でつけられますが、焼き上がったパンにはっきりと形を残すには、生地に型押

図8-11　カイザーゼンメル

しするタイミングが非常に重要となります。

＊ドイツのパン

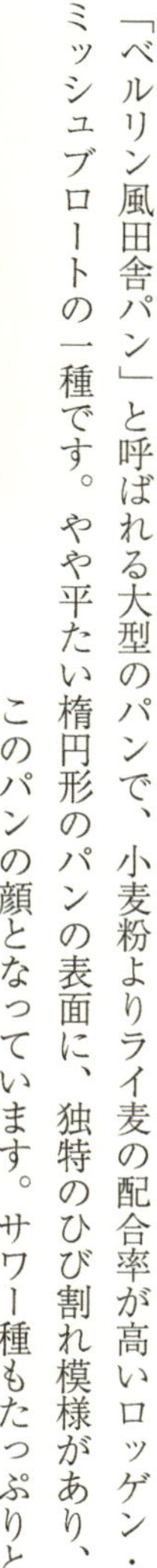

【ベルリーナーラントブロート（Berliner-Landbrot）】（図8－12）

「ベルリン風田舎パン」と呼ばれる大型のパンで、小麦粉よりライ麦の配合率が高いロッゲン・ミッシュブロートの一種です。やや平たい楕円形のパンの表面に、独特のひび割れ模様があり、このパンの顔となっています。サワー種もたっぷりと練り込まれているので、酸味の効いたしっとりもちっとした食感が特徴です。やや薄めにスライスし、塩味の強いハム、ソーセージやチーズなどをのせて、オープンサンドイッチにしたり、挟んでサンドイッチにしたりして食します。また、ビールやワインとの相性も抜群。まさにドイツを代表するライ・ブレッドといえるでしょう。

図8-12　ベルリーナーラントブロート

【ブレッツェル（Brezel）】（図8－13）

ブレッツェルという名前は、ラテン語で「腕」を意

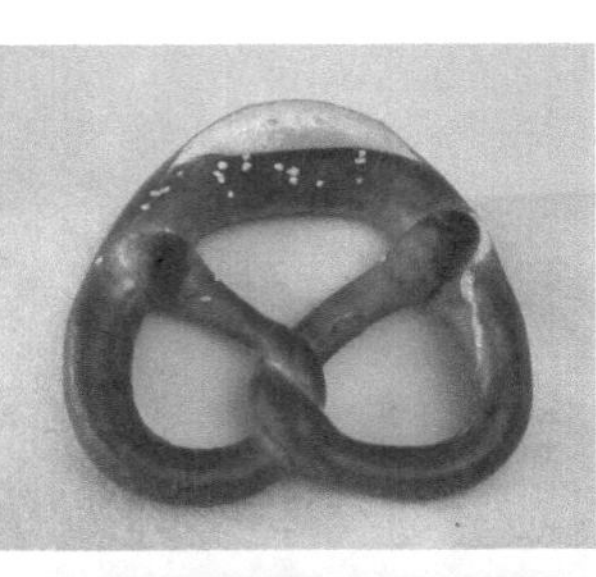

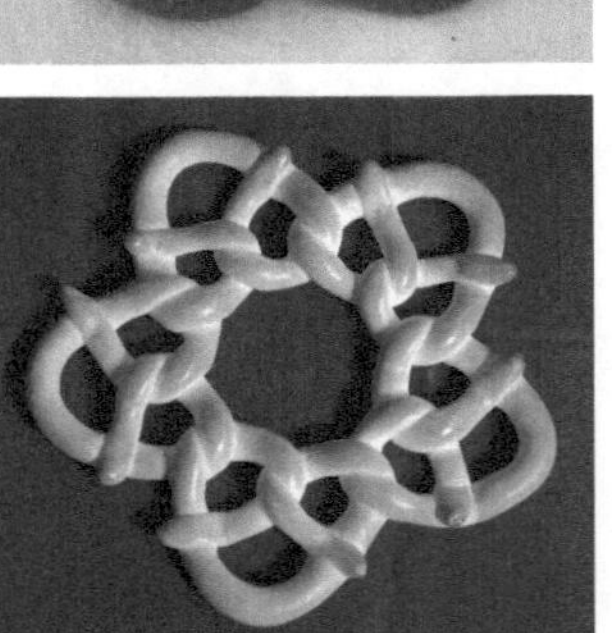

図8-13　ブレッツェル（上）とブレッツェルリース（下）

味する言葉に由来するようで、発祥は古代ローマのリング形のパンに遡るようです。また、ドイツではベッカライ（パン屋）の紋章となっており、古くは悪霊払いやおまじないとして建物の軒先や木にぶら下げたそうです。今では金属製のブレッツェルの飾りがぶら下げられているのがよくみられ、パン屋であることを示すシンボルとして使われています。現在のドイツではラウゲンブレッツェル（苛性ソーダ溶液につけてから焼いたもの）が最も一般的なブレッツェルのようです。

ブレッツェルの起源には諸説あり、中世ヨーロッパ時代には存在したようです。また、ブレッツェルの独特の形についても、お祈りをする腕の形だとか、三つの穴がキリスト教の三位一体を象徴しているとかさまざまにいわれています。

【ツォップフ（Zopf）】（図8－14）

現在もヨーロッパ各地でみられる、もとは祭事用の編みパンのこと。古くはギリシャ、ローマ時代まで遡り、特に女性が髪を三つ編みにすることから、装飾的な編みパンが考えだされたようです。ドイツでは三つ編みにしたツォップフが代表的で、リッチなスイート生地にレーズンを練り込んだものがよくみられます。

＊イタリアのパン

【チャバッタ（Ciabatta）】（図８－15）

図8-14　ツォップフ

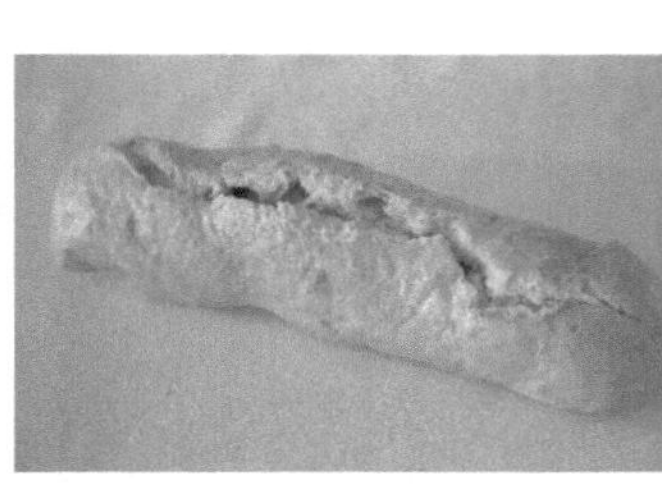

図8-15　チャバッタ

チャバッタとはイタリア語でスリッパという意味でパンの形もまさにそのもの。ちょっと変わった成形方法で、長方形に分割した生地を発酵させた後に手で引っ張って縦長に伸ばします。イタリア北部のロンバルディア地方のパンで、ハード系の食事パンとして、幅広く活躍しているパンの一つでしょう。

【グリッシーニ（Grissini）】（図８－16）

グリッシーニはイタリア北西部のピエ

モンテ地方のパンで、ちょうど人差し指ぐらいの太さの細長い棒状、カリカリした軽い食感が特徴です。ポキポキ折ってはムシャムシャと食べる、シンプルなスナック菓子のようなものです。17世紀にトリノのパン職人が、病弱だったサヴォイア家の王子（後のヴィットーリオ・アメデオ2世）のために、医者の命に従って作ったのがはじまりとの説があります。また嘘かまことかわかりませんが、ナポレオンはこれをたいへん好み、イタリア遠征中には「おい、トリノの小さな棒をよこせ！」と大声で怒鳴っていたそうです。

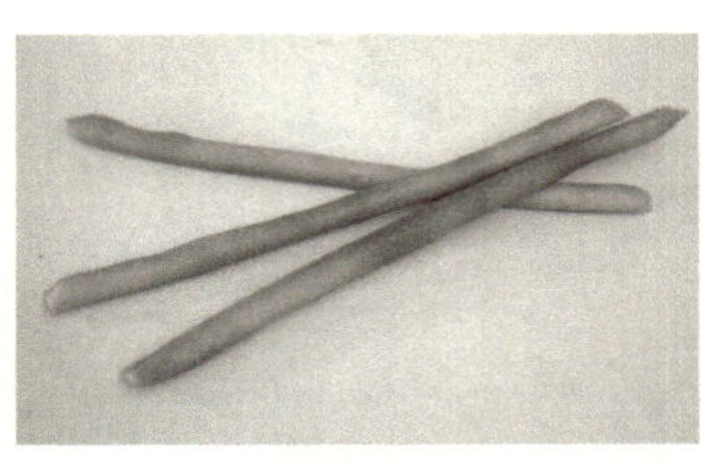

図8-16　グリッシーニ

図8-17　フォカッチャ

【フォカッチャ（Focaccia）】（図８－17）

フォカッチャといえば、発酵生地を平たく焼いたものがよく知られていますが、イタリアには無発酵のものなどさまざまなタイプがあります。もともとはイタリア中部のマルケ州やウンブリア州にある無発酵パンの一種で、小麦と水を練り合わせたものを薄くのばしてから、２枚の丸型の鉄板で挟んで熱い灰の中で焼いたピザ生地のようなものをクレッシアとかフォカッチャと呼んだと伝えられています。日本でもよく見かける発酵生地のものは、食事パンにもなり、熱いうちに生ハムやサラミ、チーズなどを挟んで食べるのも美味しい食べ方です。地方によってはスキアッチャータなどとも呼ばれます。

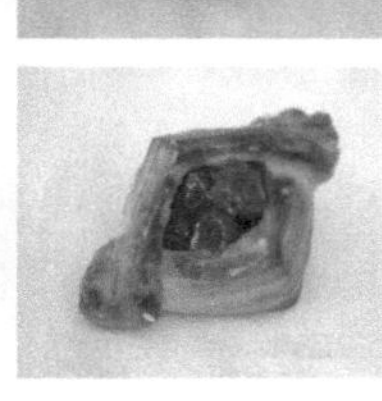

図8-18　デニッシュ・ペーストリー

＊デンマークのパン

【デニッシュ・ペーストリー（Danish pastry）】（図８－18）

デニッシュ・ペーストリーとはアメリカでの呼び名が日本に伝わったもの。もともとはウィーンが発祥の地とされ、ヨーロッパ各地に広がったバターを生地に折り込んだパンです。その後、酪農王国デンマークで確立され、それが再びヨーロッパ各地に飛び火した様子。ドイツ・オーストリアではプルンダーやコペンハーゲナー、フランスではダノワーズなどといった名称で呼ばれています。パン生地と折り込み油脂の層がはっきりとした形状のデニッシュ・ペーストリーは、クロワッサン同様、20世紀前半に完成されました。現在の日本ではクリームやフルーツなどをふんだんに使ったデニッシュ類がパン屋さんの棚を賑わせています。

図8-19　タイガーロール

＊オランダのパン

【タイガーロール（Tiger roll）】（図8-19）

タイガーロールとはなんとも勇ましい名前のパンですが、これはパン生地の表面にかぶせた上がけ生地が焼かれてトラ模様に見えることから名づけられたようです。パンそのものは食パン生地を硬くしたようなセミハード系の食事パンですが、その歴史はわりと浅く、１９７０年頃にオランダはアムステルダムを中心にタイガーブロートとして売り出され、その後、ロンドンでタイガーブレッド、サンフランシスコでダッチクランチ、東京でダッチローフなどそれぞれの国で名前を変えて流行りました。

上がけの生地のオリジナルは米粉にゴマ油、塩、イースト、水を混ぜ合わせたもので、しばらく発酵させた後にパン生地の表面にハケで塗ったようです。ところで米粉やゴマ油は主としてアジア圏の産物なのに、なぜオランダでこのパンが生まれたのかという疑問が生じます。これはオランダが古くより日本も含めて、東南アジアとの交易が盛んであったので、アジアの食材や調理技法を本国に持ち帰って、工夫を加えていろいろな食品に応用していたという下地があったからです。

図8-20　イングリッシュマフィン

＊イギリスのパン

【イングリッシュマフィン（English muffin）】（図８－20）

イギリス人曰く「手で二つに割って、でこぼこしたところをトーストした場合にのみ、ほんもののイングリッシュマフィンを味わえる。ゆめゆめナイフで切ることなかれ！」と。

その昔は、このマフィンを入れたお盆を頭の上にのせて、ハンドベルを鳴らしながら売り歩く、マフィンマンの姿がロンドンの街角でみられたそうです。イングリッシュマフィンは、白っぽく焼き上げるのが特徴で、1949年にアメリカで開発されたブラウンサーブ（途中まで焼いて冷凍保存し、オーブンやトースターで再加熱して焼きたてを食する白焼きパン）の原型ともなり、1960年代にはブラウンサーブとともにアメリカでブームとなりました。イングリッシュマフィンは直径10㎝程度の底の浅い円筒形がいくつもあるプレートに丸めた生地を入れて発酵させた後に、分厚い蓋をかぶせて焼きます。

【ブレッド（Bread）】（図8-21、8-22）

イギリスでは一般に、ローフ型で焼いた食パンのことをブレッドといいます。角形のものをホワイトブレッドまたはサンドイッチ用ブレッド、山形のものをブラウンブレッドまたはトースト用ブレッドと呼んで区別しているようです。そもそもは17世紀頃にイギリスではじまったティン・ブレッド（焼き型に入れて焼いたパン）がはじまりだったといわれています。

【クランペットやスコーンなどのソーダブレッド】

スコットランド地方のスコーン、イングランド地方のクランペット、アイルランド地方のアイリッシュソーダブレッドは、膨張源にベーキングパウダーを使用している一種のビスケットのようなものです。膨剤を使用したパン菓子の総称としてソーダブレッドと名づけられているのですが、イーストのアルコール発酵による生地を膨らませたパンではありません。もともとはベーキングパウダーの主原料である重曹（炭酸水素ナトリウム：$NaHCO_3$）を使っていました。発酵パンと違い、短時間で簡単に製造可能なことが魅力で19世紀後半に広まったのです。

日本では、スコーンはティータイムにクリームやジャムなどをつけて食べるスタイルで馴染みがあり、クランペットは発酵させて作るイギリス風パンケーキとしてときどき紹介されています。ただ、前述の通りもともとは発酵させず、重曹を膨剤とし、加熱により生じる炭酸ガスで生地を膨張させて作ります。そのときに生成される炭酸ナトリウムの独特の「匂い」と「苦味」がソーダブレッドの風味の中心となります。

クランペットやスコーンの生地には薄力粉を使い、水分の配合は少なめで、できるだけグルテンを作らないよう軽く混ぜ合わせ、空気をたくさん含んだ比重と粘度の低い生地にします。これは炭酸ガスだけでも膨張できるようにするためです。ベー

図8-21　ホワイトブレッド

図8-22　ブラウンブレッド

キングパウダーも炭酸ガスを多く発生できるものに改良され、手軽に美味しく作れるようになっています。

クランペットやスコーンの美味しさの秘密は、それらの独特の食感と風味にあります。表面のサクッともしくはザクザクした歯切れのよさと中身のややしっとりとした歯触りとが相まって作られる食感は、クランペットやスコーン独特のものといえます。また、風味のよさに関しては素材の香味や旨味もさることながら、残存する炭酸ナトリウムの「匂い」と微妙な「苦味」が大きな要因となっています。これには少々訳があって、欧米諸国では、重曹は歯磨き粉やうがい薬、胃薬として日常からなじみ深いものだったため、美味しさの元として受け入れやすかったのでしょう。

*アメリカのパン

【ベーグル（Bagel）】（図8−23）

ベーグルは1980年頃から広く北アメリカでブームになりました。一度茹でてから焼成する一風変わったパンで、もちもちした噛みごたえのある食感が特徴です。モントリオール式とニューヨーク式がありますが、二つのベーグルの決定的な違いは、モントリオール式にはパン生地に塩が入らないことです。近年ではアメリカ全土はもとより日本でも一般的なパンになっています。また、生地にいろいろな副材料を加えたバリエーションは数多く、さまざまなサンドイッチのアレンジも紹介されています。

【ローフ・ブレッド（Loaf of bread）】

アメリカでは長さが約30～35㎝、重さが約７００～８００ｇの食パンをローフ・ブレッドといいます。日本でいう角食パンや山食パンといったところです。

また、アメリカでローフ・ブレッドの次に需要が高いのがバラエティー・ブレッドと呼ばれるオープントップのローフ・ブレッド。これは食パンのバリエーションとして、全粒粉や小麦粉以外の穀物を加えたもの、果実やナッツなどを加えたものなどを指し、その種類は数多くあります。なかでも全粒粉、レーズン、ウォルナッツを使った、それぞれグラハムブレッド（p.29参照）、レーズンブレッド、ウォルナッツブレッドはアメリカ人が最も好む定番のバラエティー・ブレッドです（図８－24）。

【レーズンブレッド（Raisin bread）】（図８－25）

日本でもお馴染みのレーズンブレッドは、やや、リッチな食パ

図8-23　ベーグル

ン生地にたっぷりとレーズンを混ぜ合わせたもので、バターとの相性がよく、生食でもトーストでもレーズンの甘酸っぱさが引き立ちます。もとよりカリフォルニアは世界最大のブドウの産地です。ワインも有名ですが、レーズン（干しブドウ）も世界需要の約50%を占める供給元です。

1912年設立のサンメイド社のレーズンが有名で、1986年に今は亡きマイケル・ジャクソンが広告用キャラクター「マイケルジャクソンレーズン」になって、そのフィギュアが大ヒット

図8-24　グラハムブレッド

図8-25　レーズンブレッド

図8-26　ウォルナッツブレッド

したことが印象的でした。

【ウォルナッツブレッド（Walnuts bread）】（図８－26）

欧米ではパンに練り込むナッツ類はなぜかクルミ（ウォルナッツ）が定番。たぶん、クルミの実が他のナッツ類より脂肪分が多く、パンに混ぜ合わせたときの相性がよく食感もよくなるからでしょう。こんがりトーストされたウォルナッツブレッドはクルミの香ばしさも加わって食欲をそそります。特にアメリカのカリフォルニアはクルミの世界的な産地でその品質も№１。アーモンド、ピーナッツとともにアメリカの三大ナッツと称されています。

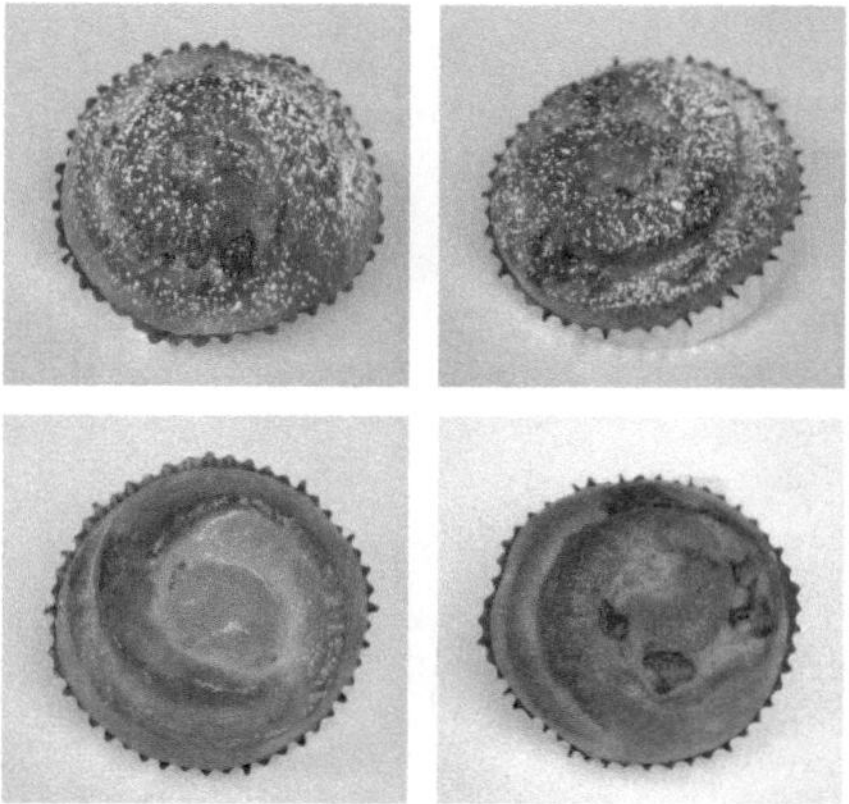

図8-27　スイートロール

次に、やはり人気の甘いパンを紹介しましょう。

【スイートロール（Sweet roll）】（図８－27）

スイートロールはアメリカを代表するパン菓子です。アメリカン（薄めコーヒー）をガブガブ、スイートロールをムシャムシャ、朝のカフェテリアでよく見かける光景です。リッチな生地にクリームやトッピングを惜しげもなく使って、さらにフォンダンなどのアイシングをこってりのせているものもあります。

【ドーナツ（Donuts）】（図8－28）

リングドーナツもツイストドーナツも、アメリカで考案されて進化したアメリカンドーナツの代表格です。原型はオリクックと呼ばれる、小麦粉、砂糖、卵などで作った生地をボール状にしてラードで揚げたものの上にクルミをのせたオランダの祭事用の菓子のようです。ドーナツの名前の由来も、ドウ（dough：生地）の上にナッツがのったものという文字通りの説と、丸めた生地を油で揚げた形がナッツの形に似ているからという説の二つが有力です。

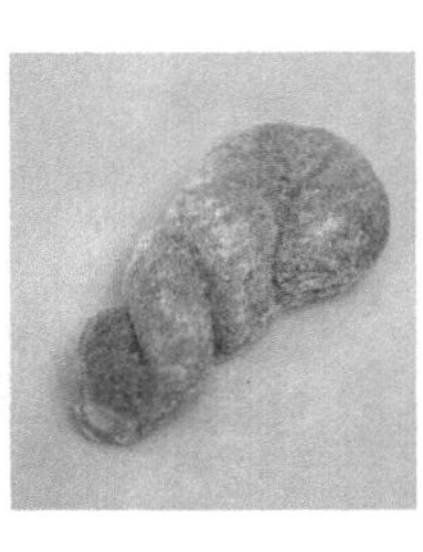

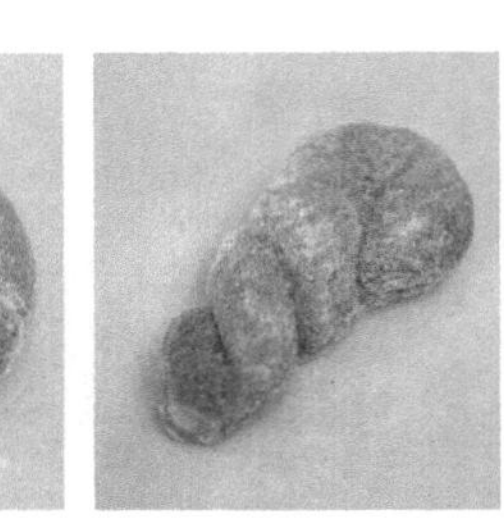

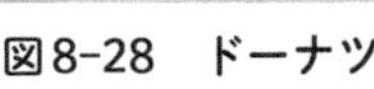

図8-28　ドーナツ

リングドーナツの発案者として最も有力な説は、19世紀半ば、ニューイングランド在住の船乗り、ハンソン・グレゴリーが、丸や四角の形をしたドーナツは火通りが悪く油っこくなるので、丸型のドーナツの中心部をくり抜いてリング形にすることを提唱したという説です。

一方、ツイストドーナツは19世紀半ばにはすでにその形を完成させていたようです。というのは『大草原の小さな家』で知られるローラ・インガルス・ワイルダーが夫の少年期を描いた小説『農場の少年』に、当時のアメリカ東部の家庭料理が60品ほど紹介されています。なんとその中にツイストドーナツが登場していて、主人公の少年の母親がツイストドーナツを揚げている様が子供の視点で愉快に描写されているのです。

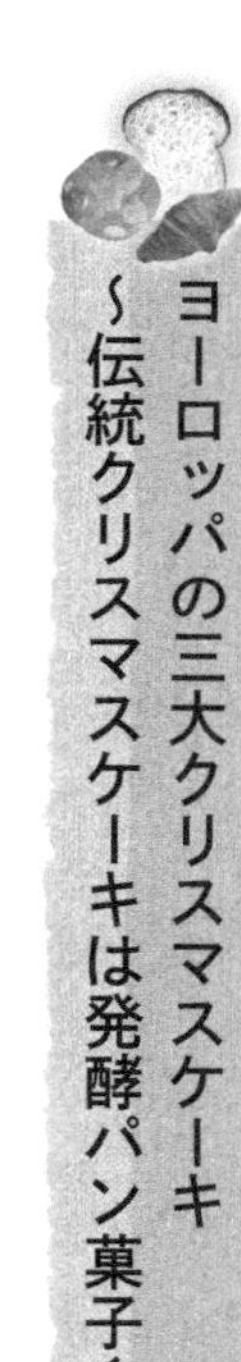

ヨーロッパの三大クリスマスケーキ
～伝統クリスマスケーキは発酵パン菓子～

【クリストシュトーレン（Christstollen）】（図8－29）

シュトーレンという名前で日本でもお馴染みになりつつありますが、正式にはクリストシュトーレンと呼ばれるクリスマスを祝うドイツの祭事菓子です。最初に登場したのは15世紀とされ、17世紀初期には宗教のお供え物に使われるようになりました。

バターや卵をたっぷりと使った発酵生地にドライフルーツやナッツ類をふんだんに練り込んだ生地をじっくりと焼き込みます。仕上げは溶かしバターを塗り、グラニュー糖をしっかりまぶしてから粉糖でお化粧します。

シュトーレンの登場は11月11日の「ザンクト・マルティンスターク（聖マルティン祭）」が終

図8-29　クリストシュトーレン

わってからとなります。パン・菓子店がシュトーレンの販売をはじめるまでに、秋の飾りつけを取り払い、クリスマスの装飾に変えていきます。早い店で11月中旬、一般的には11月末からの約4週間、待降節（アドヴェント）の期間中心に販売されます。アドヴェントとは、基本的にクリスマスイブの直近の日曜日から遡って4週前の日曜にはじまり、クリスマスイブの日まで続きます。第1主日（最初の日曜日）にアドヴェント・クランツの最初のろうそくに火を灯し、1週ごとにろうそくを1本ずつ灯していきます。ドレスデンでは第2主日（2回目の日曜日）前日にシュトーレンフェスト（シュトーレン祭り）が開かれ、約3トンの巨大なシュトーレンを焼いてお祝いをします。通常のパン・菓子と異なり、シュトーレンは非日常的かつ季節感のある高価なお菓子です。12月に入ると友人や仕事関係の知人によくプレゼントするようで、なかには手作りのシュトーレンを焼いて贈り物にする人も多いと聞きます。

　シュトーレンの歴史は、中世まで遡ります。ドイツ・パン博物館元館長の著書に「１３２９年の文献に、ザーレ川沿いの街ナウムブルクの司教ハインリッヒに、クリスマスの贈り物として

『シュトーレンという名の細長い小麦パン』が献上されたという記述がある」と明記されています。当時はカトリックの教義においてクリスマスの期間中のパンやお菓子は、バター、牛乳、タマゴなどの使用を禁じられていたので、小麦粉、酵母、水のみで作られていました。

１４１７年には、ドレスデンの聖バルトロメーウス病院の請求書に「キリストのパン」としてシュトーレンが登場していますが、これは復活祭（イースター）用の焼き菓子として発注されたもののようです。この焼き菓子にバターが使われていたかどうかは定かではありませんが、菓子の表面に白い粉砂糖のようなものが振り掛けられていたと降誕祭物語に記されています。

また、「節制・精進」について書かれた別の資料には「中世の頃には節制の規律は非常にきびしかったが、１４８６年に教皇イノケンティウス８世が、精進期間においても乳製品の摂取を許可した」とあります。その後、１４９１年には、同教皇は「ブッタープリーフ（バター許可書）」として有名な書簡を発布し、領主のザクセン公にフライベルク大聖堂の建設費用の負担を条件にシュトーレン以外のパン・菓子にもバターを入れることを許可しました。

16世紀に入ると、ドレスデンでは「クリスマスのキリストのパン」が販売されるようになりました。その後毎年クリスマスに職人が巨大なシュトーレンを作るようになったといわれています。

このときのシュトーレンが現在のシュトーレンの原型となり、その後、宮廷の菓子職人ハインリッヒ・ドラスドがドライフルーツやナッツなどを生地に加えることで、今日知られるようなより豊かなクリスマスの祝い菓子にしたとされています。

図8-30　パネットーネ

【パネットーネ（Panettone）】（図8－30）

ミラノ生まれのイタリアの伝統的なクリスマス用の祝い菓子は、この地方特有の土着酵母でおこしたパネットーネ種をもとに砂糖、卵、バターそしてレーズンなどのドライフルーツを練り込んで焼き上げたドーム型のパン菓子です。

イタリアで生まれたパネットーネの起源は非常に古く、その発祥についてはいくつかの説があります。イタリアでは、各地方によって少しずつ配合や形の異なったパネットーネが古くから存在します。現在、日本で知られているパネットーネは、円筒形やドーム状になっており、バターや卵、ドライフルーツや香料などがたくさん入ったものが一般的です。

このパネットーネはミラノが発祥の地といわれていますが、一説によると、ミラノに住む貧しいパン屋の息子トーニがある娘と恋におち、それがきっかけとなって生まれたという説もあります。二人には、身分の違いから生まれるさまざまな障害がありましたが、トーニはそれを乗り越えようと一生懸命努力し、パン作りに打ち込みました。試行錯誤の結果、パン・グランデ（卵やバターをたっぷりと使用して、ドライフルーツなどを練り込んだもの）を完成し、評判となりました。やがて、このパンを求めにミラノの裕福な貴婦人たちが殺到するまでになり、後にパン・ディ・トーニと名づけられたとか。そこからパネットーネと転訛したのではないかと考えられています。

いくつかの説がありますが、パネットーネはいつしかクリスマスやお祝い事の際に頻繁に用いられるようになりました。そして、クリスマス菓子や贈り物としてミラノだけでなく、イタリア全土から近隣諸国にまで広まったようです。その他にもイタリアにはクリスマスやお祝い事に食べられる発酵菓子がいくつもあります。

【クリスマスプディング（Christmas pudding）】（図８－31）

クリスマスプディングまたはプラムプディングと呼ばれるイギリスの伝統的な発酵焼き菓子は、小麦粉にミンスミート（ドライフルーツやナッツ類をケンネ脂（牛脂）、カソナード（ブラウンシュガー）、ラム酒やブランデーで２～３ヵ月漬け込んだもの）などを練り込んだあと、２～３日発酵させて作ります。その生地を焼き型に流し込んだ後、数時間かけて蒸し焼きにした大

図8-31　クリスマスプディング

型のお菓子です。また、焼き上げてから3～4週間発酵させるのも特徴の一つで、独特の風味と食感が生まれます。通常は12月25日のクリスマスディナーのデザートとして、ホールケーキの上にヒイラギの実と葉を飾り、その上から独特のブランデーソースをかけてフランベし、一人分ずつに切り分けていただきます。

クリスマスプディングの歴史も中世まで遡ります。ミンスミートと呼ばれる詰め物をしたミンスパイが元になりました。ミンスミートとは「ひき肉の寄せ集め」の意味で、羊、鶏、牛舌の塩漬けを干しぶどう、砂糖漬けの果物、香辛料、カソナードなどと混ぜ合わせたものでした。清教徒革命の時代にクリスマスの祝い事が禁止され、それまでクリスマスの伝統的なごちそうであったミンスパイも作られなくなりました。17世紀後半、王政復古後、ミンスパイはイギリスのクリスマスの食卓にフルーツのミンスミートを詰めた小さい円形のパイという形で戻ってきました。

ビクトリア王朝に入ると、このフルーツのミンスパイが原形となって、クリスマスプディングが作られるようになりました。19世紀中頃にビクトリア女王がクリスマスプディングを英国王室えます。

のデザートに採用して以降、クリスマスには欠かせないデザートとして定着しました。イギリスでは、さまざまな物語や詩にクリスマスプディングが登場し、その定着ぶりがうかがえます。

たとえば、チャールズ・ディケンズの『クリスマスキャロル』（１８４３年）では、

「ぱっとたちのぼる湯気、熱したブランデーが菓子の表面でぽっぽと燃えている。まわりを包む布巾もいっしょに蒸すので、取り出したばかりのプディングは、甘い香りと同時に洗濯屋さんのような香りもちょっとする。てっぺんに飾られたヒイラギの葉っぱの、見事につやつやと美しいこと。子供達は息をのみ、待ち焦がれた素晴らしいごちそうを眺める。家族みな誰もが大絶賛。大事に一口ずつ取り分けて食べる至福の一瞬。」

という微笑ましい一家団欒（だんらん）の様子が描かれています。

また、マザーグースの詩に

「英国の小麦粉と
スペインの果実が
土砂降り雨の中で出会った。
袋に入れられ、ひもでくるまれ、
もしこの謎が解けたなら、

君に指輪をあげましょう。」

というものがあり、この謎々の答えが「プラムプディング」なのです。

ほかにも「ピーター・ラビット」シリーズや、「不思議の国のアリス」「ハリー・ポッター」シリーズや、アガサ・クリスティの「名探偵ポワロ」シリーズなど数多くの作品にクリスマスプディング（プラムプディング）が登場するので、英国文学に触れるときはぜひ気をつけて読んでみてください。

おわりに

人類の長い歴史の中で、パンは最も「ユニバーサル・フード」に相応しい食品ではないでしょうか？ 今日、世界中を見渡してもパンを食さない人種や民族はまずいないと思われます。では、パンがなぜこれほどまでに世界中に広まったのでしょうか？ その答えはまず、小麦が名実ともに世界ナンバーワン穀物であることでしょう。次に小麦粉は、粉体加工食品であり、非常に汎用性の高い原料であることがあげられます。最後にパン類は大量生産に適しており、その栄養価も高く機能性に優れた食品であること。以上が主だった理由となります。そして、このパンという加工食品を縁の下で支えているのが、「Baking Science & Technology」――パンの科学と技術であるといえます。パン加工のみならず、小麦やイーストをはじめ油脂や乳製品などの各原料においても、今日の加工技術は目を見張るものがあります。

本文でも触れましたが、20世紀初頭より、アメリカ、ドイツを中心にパン生産の近代化が急速に進み、パンの大量生産が可能となりました。その理由はまず製粉技術と機械の進化、次にパン用イーストの菌株の発見とその純培養の成功にありました。すなわち製パンに適応する小麦粉とイーストの量産化が、過去数千年の間、人類が作り続けてきたパンの歴史を一瞬にして変えました。しくみについては本書でじっくり語ってきましたが、近代的なパンは、小麦タンパクによって形成される適度な弾力と伸長性をもつグルテンが、イーストのアルコール発酵によって生成される多量の炭酸ガスを包み込んで膨張してできます。それまでのずっしりとした噛みごたえの強いパンとはまったく異次元の、ふっくらして柔らかいパンとして登場したのです。ましてやそれらのパンが一つのパン工場で一日に何千本、何万個という生産数が可能となったのですから、まさに画期的だったわけです。筆者はこれを「ベーカリー産業革命」と呼んでも、決して大袈裟ではないと考えます。設備の規模によりますが、一日の生産量が従来の100倍、1000倍となり、それによってベーカリー市場は活性化し、より多くの人々がより安価でパンを購入できるようになりました。その結果、パンは世界中の多くの国々で基礎食料品としての地位を確実なものとしました。そして、より多くの人々がよりいっそうパンを愛するようになりました。

話は変わりますが、もちろんこの成功はパンメーカーや原料メーカーだけではなしえなかったわけです。「Baking Science & Technology」関係の論文やレポートをアカデミックなテーマとして取り上げたICCやAACCIなど欧米を代表する学会や学術団体の存在を無視するわけにはいきません。多くのサイエンティストが20世紀前半にその礎を築きました。その間に研究されたテーマと論文は数え切れず、基礎が確立され、20世紀後半にはその応用の研究も活発化し、まさに産学共同体となってワールドワイドのベーキングビジネスを展開できるようになりました。
本書は、数多くの先人が残してくれた「Baking Science & Technology」をそれぞれのカテゴリーで部分的に解体して、できる限り簡単明瞭に表現し、各項ごとでも読んでいただけるように努力したつもりです。
願わくは本書が、パン好きの方やパンの科学に興味をおもちの方に、より興味をもっていただきお役に立ち、多くの方にパンを美味しく楽しんでいただくきっかけになることを心より切望してやみません。加えて、パン関係の仕事に従事なさっている方には、パンの理解を深める上で多少でもご参考になれば幸いです。

最後に、本書の企画・立案・構成を手掛けていただいた講談社の家田有美子さんと、編集から出版に至るまでのすべてをまとめていただいた須藤寿美子さんに厚く感謝申し上げます。また、本文中のイラストをわかりやすく描いてくださった梶原綾華さんにお礼申し上げます。

平成30年5月吉日

吉野精一

――Special Thanks（50音順）――

各社の広報部はじめ研究開発部の多くの皆さま、取材協力、ありがとうございました。皆さまのご支援に心より感謝申し上げます。

・大阪ガス株式会社
・オリエンタル酵母工業株式会社
・株式会社カネカ
・株式会社パンニュース社
・株式会社ベーカーズタイムス社
・キユーピータマゴ株式会社
・日清製粉株式会社
・パナソニック株式会社
・森永乳業株式会社

参考文献

論文

1. 「北海道におけるパン用小麦（高タンパク硬質小麦）の生産，育種，用途開発の現状と将来」山内宏昭「パン科学会誌46(4)、pp.37-49」(2000年)
2. 「Pelshenke Test」(AACC Method 56-50)
3. 「SHとSSの生化学」高木俊夫「有機合成化学協会誌第35巻第5号」(1977年)
4. 「グルテンタンパク質のネットワーク形成における食塩の役割」裏出令子「食品と技術」(2008年)
5. 「市販活性グルテンのネットワーク形成における硬水の効果」日比野久美子「名古屋文理大学紀要　第14号」(2014年３月)
6. 「脂肪の代謝とその調節—からだのエネルギーバランス—」大隅隆(2008年)
7. 「食品とアミノカルボニル反応」加藤博通、藤巻正生「日本醸造協會雑誌第63巻　8号」
8. 「食品におけるメイラード反応」臼井照幸「日本食生活学会誌　第26巻第1号　7-10」(2015年)
9. 「超強力秋まき小麦品種「ゆめちから」の育成」田引正、西尾善太、伊藤美環子、山内宏昭、高田兼則、桑原達雄、入来規雄、谷尾昌彦、池田達哉、船附稚子 「北海道農業研究センター研究報告（195)、pp.1-12」(2011年)
10. 「パン生地，生イーストおよびドライイースト中の乳酸菌の特性」武田泰輔、岡田早苗、小崎道雄「日本食品工業学会誌　31巻　10号p.642-648」(1984年)
11. 「ミキシングによるパン生地のタンパク質と油脂の相互作用とタンパク質の変化」福留真一、西辻泰之、隈丸潤、松宮健太郎、松村康生「化学と生物　Vol.52 No.7」(2014年)

42. 『パンの風味　伝承と再発見』レイモン・カルベル　安部薫（訳）（パンニュース社　1992年）
43. 『パンの文化史』舟田詠子（朝日新聞社　1998年）
44. 『パンの歴史』ウィルヘルム・ツィアー　中澤久（日本語版監修）（同朋舎出版　1985年）

洋書

1. 『BAKERY MATERIALS AND METHODS Forth Edition』ALBERT R.DANIEL（APPLIED SCIENCE PUBLISHERS　1963年）
2. 『BAKING SCIENCE & TECHNOLOGY Volume.1・2』E.J.PYLER（Sosland Publishing Company 1988年）
3. 『Cook's Oracle 4th edition』De la Groute（Publisher Edinburgh:A. Constable　1822年）
4. 『Fetes st gateaux de I'Europe traditionnell』Nicole Vielfaue（Editions Bonneton 1993年）
5. 『HONEY』I.Mellor（Congdon&Lattès　1981年）
6. 『Manual for Army Bakers』United States.War Dept（1916年）
7. 『Pains spéciaux et décorés』J.Chazalon, P.Michalet（St-Honoré 1989年）
8. 『Raisins & Dried Fruits』ANNA L.PALECEK, GARY H.MARSHBURN, BARRY F.KRIEBEL（SUN-MAID OF CALIFORNIA 2011年）
9. 『THE COMPLETE Bread BOOK Ⅰ・Ⅱ』Lorna Walker, Joyce Hughes（Crescent　1977年）
10. 『The food of the western world』T. FitzGibbon（Hutchinson　1976年）
11. 『THE WORLD OF ENCYCLOPEDIA OF BREAD』CHRISTINE INGRAM, JENNIE SHAPTER（ANNES PUBLISHING　1999年）
12. 『THE WORLD OF ENCYCLOPEDIA OF FOOD』L.Patrick Coyle Jr.（Facts on File　1982年）
13. 『WHEAT Chemistry and Technology』Y.Pomeranz（AACC　1964年）

20. 『食品の乳化　―基礎と応用―』藤田哲（幸書房　2006年）
21. 『食品用乳化剤　―基礎と応用―』戸田義郎・門田則昭・加藤友治（編著）（光琳　1997年）
22. 『食卵の科学と機能』渡邊乾二（編著）（アイ・ケイコーポレーション　2008年）
23. 『新版　お菓子「こつ」の科学』河田昌子（柴田書店　2013年）
24. 『製パン原料』 井上好文（編）（日本パン技術研究所　1997年）
25. 『製パンに於ける穀物　Cereals in Breadmaking A Molecular Colloidal Approach』Ann-Charlotte、Kåre Larsson　瀬口正晴（訳）
26. 『製パンの科学　パンはどうしてふくれるのか？』 松本博（日本パン技術研究所　1980年）
27. 『製パンの科学＜Ⅰ＞　製パンプロセスの科学』 田中康夫・松本博（編著）（光琳　1991年）
28. 『製パンの科学＜Ⅱ＞　製パン材料の科学』 田中康夫・松本博（編著）（光琳　1992年）
29. 『Salt　塩の世界史　上・下』マーク・カーランスキー　山本光伸（訳）（中央公論新社　2014年）
30. 『食べものからみた聖書』河野友美（日本基督教団出版局　1984年）
31. 『中世のパン』フランソワーズ・デポルト　見崎恵子（訳）（白水社　2004年）
32. 『ドイツのパン技術詳論』オットー・ドゥース　清水弘熙（訳）（パンニュース社　1992年）
33. 『乳製品製造学』伊藤肇躬（光琳　2004年）
34. 『パン』レイモン・カルベル　山本直文（訳）（白水社　1965年）
35. 『パン』安達巖（法政大学出版局　1996年）
36. 『パン「こつ」の科学』吉野精一（柴田書店　1993年）
37. 『パン食文化と日本人』安達巖（新泉社　1985年）
38. 『パンづくりの科学』吉野精一（誠文堂新光社　2012年）
39. 『パン入門』井上好文（日本食糧新聞社　2010年）
40. 『パンの源流を旅する』藤本徹（編集工房ノア　1992年）
41. 『パンの百科』締木信太郎（中央公論社　1977年）

参考文献

和書

1.『朝日百科　世界の食べもの　1〜14巻』野沢敬（編）（朝日新聞社　1984年）
2.『新しい製パン基礎知識（再改訂版）NEW BAKING GUIDE』竹谷光司（パンニュース社　2009年）
3.『NHKスペシャル　四大文明　エジプト』吉村作治・後藤健ほか（編著）（日本放送出版協会　2000年）
4.『NHKスペシャル　四大文明　メソポタミア』松本健ほか（編著）（日本放送出版協会　2000年）
5.『おいしい穀物の科学』井上直人（講談社　2014年）
6.『オールガイド　食品成分表　2017』（実教出版　2016年）
7.『牛乳・乳製品の知識』（日本酪農乳業協会　2006年）
8.『コムギ粉の食文化史』岡田哲（朝倉書店　1993年）
9.『小麦粉博物誌』日清製粉株式会社（編）（文化出版局　1985年）
10.『小麦粉博物誌2』日清製粉株式会社（編）（文化出版局　1986年）
11.『小麦・小麦粉の科学と商品知識』製粉振興会（編）（製粉振興会　2007年）
12.『小麦の機能と科学』長尾精一（朝倉書店　2014年）
13.『最新食品学　―総論・各論―』甲斐達男・石川洋哉（編）（講談社　2016年）
14.『最新の穀物科学と技術』Y.Pomeranz　長尾精一（訳）（パンニュース社　1992年）
15.『砂糖ミニガイド』（精糖工業会　2014年）
16.『脂質の機能性と構造・物性』佐藤清隆・上野聡（丸善出版　2011年）
17.『食の歴史　Ⅰ・Ⅱ・Ⅲ』J-L・フランドラン・M・モンタナーリ（編）宮原信・北代美和子（監訳）（藤原書店　2006年）
18.『食品Gメンが書いた食品添加物の本』廣瀬俊之（三水社　1988年）
19.『食品・そのミクロの世界』種谷真一・木村利昭・相良康重（槇書店　1991年）

【わ行】

【その他アルファベットなど】

【ま行】

【や行】

【ら行】

【な行】

【は行】

【た行】

【さ行】

さくいん

【あ行】

【か行】

N.D.C.596.6　268p　18cm

ブルーバックス　B-2058

パンの科学（かがく）
しあわせな香りと食感の秘密

2018年5月20日　第1刷発行
2023年9月12日　第3刷発行

著者　吉野精一（よしのせいいち）
発行者　髙橋明男
発行所　株式会社講談社
〒112-8001　東京都文京区音羽2-12-21
電話　出版　03-5395-3524
販売　03-5395-4415
業務　03-5395-3615

印刷所　（本文表紙印刷）株式会社ＫＰＳプロダクツ
（カバー印刷）信毎書籍印刷株式会社
製本所　株式会社ＫＰＳプロダクツ
本文データ制作　ブルーバックス

定価はカバーに表示してあります。

ISBN978－4－06－511661－6

発刊のことば

科学をあなたのポケットに

二十世紀最大の特色は、それが科学時代であるということです。科学は日に日に進歩を続け、止まるところを知りません。ひと昔前の夢物語もどんどん現実化しており、今やわれわれの生活のすべてが、科学によってゆり動かされているといっても過言ではないでしょう。

そのような背景を考えれば、学者や学生はもちろん、産業人も、セールスマンも、ジャーナリストも、家庭の主婦も、みんなが科学を知らなければ、時代の流れに逆らうことになるでしょう。

ブルーバックス発刊の意義と必然性はそこにあります。このシリーズは、読む人に科学的に物を考える習慣と、科学的に物を見る目を養っていただくことを最大の目標にしています。そのためには、単に原理や法則の解説に終始するのではなくて、政治や経済など、社会科学や人文科学にも関連させて、広い視野から問題を追究していきます。科学はむずかしいという先入観を改める表現と構成、それも類書にないブルーバックスの特色であると信じます。

一九六三年九月　　野間省一

ブルーバックス　コンピュータ関係書

ブルーバックス　食品科学関係書

番号	書名	著者
1231	「食べもの情報」ウソ・ホント	髙橋久仁子
1240	ワインの科学	清水健一
1341	食べ物としての動物たち	伊藤　宏
1418	「食べもの神話」の落とし穴	髙橋久仁子
1435	アミノ酸の科学	櫻庭雅文
1439	味のなんでも小事典	日本味と匂学会＝編
1614	料理のなんでも小事典	日本調理科学会＝編
1807	ジムに通う人の栄養学	岡村浩嗣
1814	牛乳とタマゴの科学	酒井仙吉
1869	おいしい穀物の科学	井上直人
1935	日本酒の科学	和田美代子 髙橋俊成＝監修
1956	コーヒーの科学	旦部幸博
1972	「健康食品」ウソ・ホント	髙橋久仁子
1993	チーズの科学	齋藤忠夫
1996	体の中の異物「毒」の科学	小城勝相
2016	お茶の科学	大森正司
2044	日本の伝統　発酵の科学	中島春紫
2047	最新ウイスキーの科学	古賀邦正
2051	「おいしさ」の科学	佐藤成美
2058	パンの科学	吉野精一
2063	カラー版　ビールの科学	渡　淳二＝編著
2105	麺の科学	山田昌治
2173	食べる時間でこんなに変わる 時間栄養学入門	柴田重信
2191	焼酎の科学	鮫島吉廣／髙峯和則